Rinki R. Yadav
Poonam B. Chauhan

Identificação e deteção de E. coli produtora de ESBL

Rinki R. Yadav
Poonam B. Chauhan

Identificação e deteção de E. coli produtora de ESBL

ScienciaScripts

Imprint

Cover image: www.ingimage.com

This book is a translation from the original published under ISBN 978-3-659-87464-2.

Publisher:
Sciencia Scripts
is a trademark of
Dodo Books Indian Ocean Ltd. and OmniScriptum S.R.L publishing group

120 High Road, East Finchley, London, N2 9ED, United Kingdom
Str. Armeneasca 28/1, office 1, Chisinau MD-2012, Republic of Moldova, Europe
Managing Directors: Ieva Konstantinova, Victoria Ursu
info@omniscriptum.com

Printed at: see last page
ISBN: 978-620-8-64440-6

ÍNDICE

Introdução

1.1 Definição

As β-lactamases de espetro alargado (ESBL) são enzimas mediadas por plasmídeos produzidas por muitas bactérias gram-negativas pertencentes à família Enterobacteriaceae, capazes de conferir resistência bacteriana à maioria dos antibióticos beta-lactâmicos, incluindo a penicilina, as cefalosporinas da primeira e segunda terceiras gerações e o monobactam azetreonam (mas não as cefamicinas ou os carbapenemes) por hidrólise e que são inibidas por inibidores de β-lactâmicos como o ácido clavulânico. *A Escherichia coli* e *a Klebsiella pnuemoniae* são as duas bactérias produtoras de ESBL mais comuns (Paterson *et al.*, 2005). Os organismos produtores de ESBL são também capazes de reduzir a suscetibilidade de outras classes de antimicrobianos não *β-lactamases*, como os aminoglicosídeos, as fluoroquinolonas, o trimetoprim-sulfametoxazol, as tetraciclinas e a nitrofurantoína, deixando uma gama limitada de agentes terapêuticos (Winokur *et al.*, 2001). O aparecimento destas bactérias produtoras de β-lactamases de espetro alargado (ESBL) é agora uma preocupação crítica para o desenvolvimento de terapias contra infecções bacterianas, particularmente as ITU e as infecções nosocomiais que estão a aumentar em todo o mundo (Rampal *et al.*, 2008).

1.2 A epidemiologia global das ESBLs

A epidemiologia das bactérias produtoras de ESBL é bastante complexa. Em primeiro lugar, há vários níveis diferentes a considerar: a área geográfica mais vasta, o país, o hospital, a comunidade e o hospedeiro (na maioria dos casos, um único doente ou um portador saudável). Além disso, existem as bactérias (*a E. coli* é mais endémica e *a K. pneumoniae* é mais epidémica) e os seus elementos genéticos móveis, geralmente plasmídeos. Além disso, existem numerosos reservatórios, incluindo o ambiente (por exemplo, solo e água), animais selvagens, animais de criação e animais de estimação. A componente final implica a transmissão a partir de alimentos e água e através de contacto direto ou indireto (pessoa a pessoa) (Oteo *et al.*, 2006; Mesa *et al.*, 2006). A primeira ESBL a ser identificada foi na Alemanha em 1983 e foi no início da década de 1990 que ocorreram os primeiros surtos nosocomiais (Rice *et al.*, 1990).

1.2.1 Suécia

Numa perspetiva internacional, a utilização de antibióticos, especialmente de agentes de largo espetro, é limitada na Suécia (Cars *et al.*, 2001). Nos últimos anos, também se registaram surtos nosocomiais de maior dimensão de estirpes ESBL clonais: um numa unidade de cuidados neonatais com mortalidade relacionada com ESBL (Lysly *et al.*, 2008). Tal como na maior parte da Europa, foram encontrados os seguintes tipos de enzimas: O grupo 1 de CTX-M predominou (67%) 23 seguido do grupo 9 de CTX-M (27%), embora também tenham sido encontrados outros tipos, por exemplo, o grupo 2 de CTX-M e as enzimas TEM e SHV (Onnberg *et al.*, 2008).

1.2.2 Europa

O novo TEM e as enzimas SHV estão ainda a evoluir na Europa, tendo sido encontrados clones epidémicos específicos. Existem diferenças acentuadas na prevalência de Enterobacteriaceae produtoras de ESBL na Europa. Os isolados com o grupo CTX-M-9 são comuns em Espanha e as estirpes com as enzimas CTX-M-3 foram descritas principalmente na Europa Oriental, embora os clones que produzem o grupo CTX-M 1 (incluindo o tipo CTX-M-15) sejam os mais difundidos em toda a Europa (Conton *et al.*, 2008). Atualmente, *a E. coli* e as enzimas CTX-M não são raras em doentes ambulatórios.

1.2.3 África

O primeiro estudo sobre ESBLs na Tanzânia foi efectuado em 2001-2002 e analisou isolados de sangue de recém-nascidos, tendo-se verificado que 25% das *E. coli* e 17% das *K. pneumoniae* produziam ESBLs, principalmente dos tipos CTX-M-15 e TEM-63 (Blomberg *et al.*, 2005). Numa investigação mais recente realizada num hospital terciário em Mwanza, na Tanzânia, a prevalência global de ESBLs em todas as bactérias Gram-negativas (377 isolados clínicos) foi de 29%. A prevalência de ESBL foi de 64% em *K. pneumonia* e de 24% em *E. coli* (Mshana *et al.,* 2009).

1.2.4 O Médio Oriente

Os dados globais sobre Enterobacteriaceae produtoras de ESBL nos países do Médio Oriente causam uma pandemia global de ESBL. Num estudo de isolados *de E. coli* recolhidos em cinco hospitais no Egito em 1999-2000, verificou-se que 38% eram resistentes a cefalosporinas de terceira geração (EI ksoly *et al.*, 2003). Além disso, outra investigação efectuada nesse país em 2001 mostrou que 61% das *E. coli* produziam ESBLs dos tipos CTX-M-14, CTX-M 15 e CTX-M 27, e todas as estirpes tinham a enzima TEM (Mohmed *et al.*, 2006).

Num estudo de doentes internados na Arábia Saudita em 2008, Tawfik e colegas (Tawfik *et al.*, 2009) descobriram que 26% dos isolados de *K. pneumoniae* produziam ESBLs, a maioria das quais eram enzimas SHV-12 e TEM-1, e 36% eram CTX-M-15. Observou-se que a proporção de isolados produtores de ESBL era significativamente maior nos doentes internados do que nos doentes externos.

1.2.5 Ásia

Só recentemente começámos a compreender a dimensão do desastre ecológico relacionado com as Enterobacteriaceae produtoras de ESBL em partes da Ásia e do subcontinente indiano, e o número de relatos de uma frequência muito elevada dessas bactérias nessas regiões continua a aumentar. As deficientes rotinas de esgotos e a má qualidade da água potável, em combinação com a falta de controlo sobre a prescrição e venda de antibióticos, são provavelmente os principais factores que promoveram o desenvolvimento da resistência. As Nações Unidas estimaram a população da Ásia em 4,2 mil milhões de pessoas em 2012, pelo que é um grande desafio tentar travar a crescente resistência aos antibióticos (Walsh *et al*, 2003). De acordo com o SENTRY No âmbito do programa de vigilância, registaram-se aumentos rápidos de *K. pneumoniae* (até 60%) e *E. coli* (13-35%) produtoras de ESBL em diferentes partes da China, com uma predominância das enzimas CTX-M-14 e CTX-M-3 (Hawkey *et al.*, 2008). O primeiro relatório de Enterobacteriaceae produtoras de CTX-M em Nova Deli foi publicado em 2001 (Karim *et al.*, 2001). Posteriormente, em 2006, (Shahid *et al.*, 2006) verificaram que 66% das *E. coli* e *K. pneumoniae* resistentes a cefalosporinas de terceira geração provenientes de três centros médicos na Índia apresentavam o tipo de ESBL CTX-M-15, que era também a única enzima CTX-M encontrada, e uma investigação de 10 outros centros nesse país mostrou que as taxas de Enterobacteriaceae produtoras de ESBL atingiam 70% (Jona *et al.*, 2002). Noutros estudos recentes, (Shankar *et al.*, 2012) observaram taxas de ESBL de 46% e 50% em doentes externos e internos, respetivamente, e Nasa e colaboradores (Nasa *et al.*, 2003) detectaram a produção de ESBL em quase 80% dos isolados clínicos. Investigações efectuadas na Índia e no Paquistão revelam um aumento alarmante e rápido da prevalência de Enterobacteriaceae com NDM-1, com uma taxa de prevalência de 6,9% num hospital em Varanasi, na Índia, para 18,5% em Rawalpindi, no Paquistão (Perry *et al.*, 2007) e talvez a disseminação destas enzimas possa ser ainda mais rápida do que a disseminação das enzimas CTX-M. Relatórios de outras partes da Ásia indicaram uma variedade de ESBLs, como as enzimas VEB (as ESBLs vietnamitas), e um aumento de Enterobacteriaceae portadoras de ESBL tanto em doentes externos como internos, bem como em amostras de fezes de voluntários saudáveis (Hawley *et al.*, 2008).

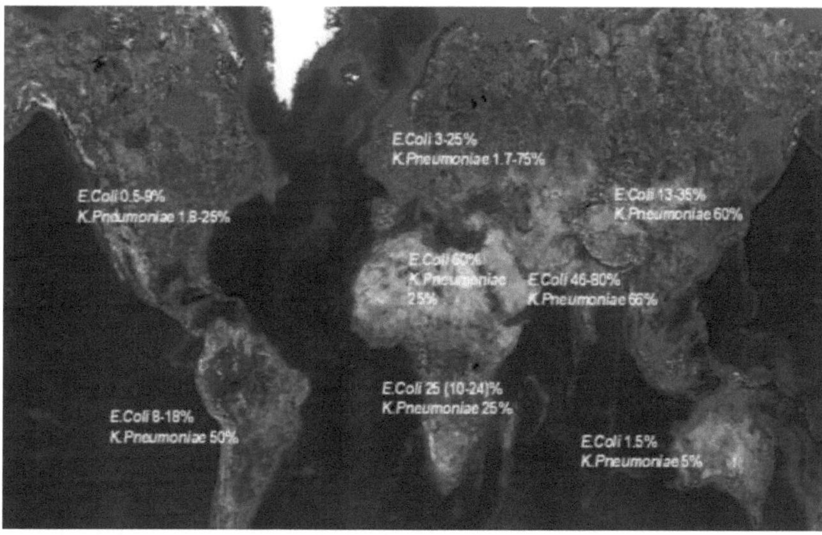

Fig. 1.1: Prevalência de ESBL em *E. coli* e *K. pneumoniae* de diferentes estudos e de EARSS (2010)

1.3 Organismos produtores de ESBL

1.3.1 Enterobacteriaceae

Na medicina humana, Enterobacteriaceae é a família mais importante de bactérias, que inclui géneros e espécies que causam doenças bem definidas, bem como infecções nosocomiais. Os membros desta família são anaeróbios facultativos Gram-negativos, em forma de bastonete, não formadores de esporos, que fermentam a glucose e outros açúcares, reduzem o nitrato a nitrito e produzem catalase, mas raramente oxidase. A maioria das Enterobacteriaceae são componentes da flora gastrointestinal dos seres humanos e dos animais, embora muitas delas estejam também amplamente disseminadas no ambiente. Além disso, estas bactérias são responsáveis por causar muitas infecções diferentes, tais como infecções nosocomiais, septicemia, infecções do trato urinário, pneumonia, colecistite, colangite, peritonite, infecções de feridas, meningite e gastroenterite, e podem dar origem a infecções esporádicas ou surtos (Mandell *et al.*, 2009).

1.3.2 *Escherichia coli*

A Escherichia coli é um micróbio móvel, gram-negativo, em forma de bastonete, anaeróbio facultativo mais abundante da flora intestinal humana. *A Escherichia coli* é geralmente um micróbio inofensivo, embora a identificação e deteção de E. coli produtora de ESBL seja um agente causador comum de ITU adquiridas na comunidade e transmitidas nosocomialmente (Orskov *et al.*, 1985). *A Escherichia coli* é um dos organismos mais comuns entre os micróbios produtores de ESBL (Harris *et al.*, 2007). Os patótipos mais virulentos têm frequentemente um genoma maior do que a *E. coli* não patogénica, e existem também muitos factores de virulência diferentes, que são normalmente codificados em plasmídeos, cromossomas ou bacteriófagos (Welch *et al.*, 2002). Os grupos e serótipos de *E. coli* patogénica são definidos principalmente pelos seus antigénios lipopolissacárido (O) e flagelar (H) (5). Foram identificados clones epidémicos geograficamente disseminados com os mesmos tipos de sequência cromossómica (ST) entre estirpes *de E. coli* que causam infecções do trato urinário (Tenaillon *et al.*, 2008).

1.3.3 *Klebsiella pneumoniae*

O género *klebsiella* da tribo klebsiellae é um membro da família Enterobacteriaceae. Os organismos recebem o seu nome de Edwin Klebs, um microbiologista alemão do século XIX. *As Klebsiellae* são bactérias gram negativas, não móveis, em forma de bastonete, com uma cápsula polissacárida proeminente. *As Klebsiellae* são, na sua maioria, ubíquas na natureza. Nos seres humanos, podem colonizar a pele, a faringe ou o trato gastrointestinal. Podem também colonizar feridas esterilizadas e urina. *As Klebsiellae* podem ser consideradas como flora normal em muitas partes do cólon e do trato intestinal e no trato biliar. As espécies de *Klebsiella*, em especial *a Klebsiella pnuemoniae*, são agentes patogénicos nosocomiais oportunistas muito importantes que causam uma variedade de infecções, incluindo infecções do trato urinário, pneumonia, septicemia, bacteriemia, meningite e infeção de feridas. Estima-se que *a Klebsiella spp* seja responsável por causar 5-7% do total de infecções bacterianas nosocomiais (Ullmann *et al.*, 1998).

1.4 Classificação das ESBLs

As enzimas ESBLs podem ser classificadas com base em dois esquemas gerais: o esquema de classificação molecular de Ambler e o sistema de classificação funcional de Bush-Jacoby-Medeiros (Bush *et al.*, 1995). O esquema de Ambler divide as beta-lactamases em quatro classes principais (A a D). Este esquema de classificação baseia-se na homologia das proteínas, mas não nas caraterísticas fenotípicas. As classes A, C e D são serino-lactamases e a classe B é constituída por metalo-beta-lactamases (Bush *et al.*, 1995 e Jacoby *et al.*, 1991). O esquema Bush-Jacoby Medeiros agrupa estas enzimas de acordo com a sua semelhança funcional (perfil de substrato e inibidor). Este esquema de classificação é mais relevante para médicos ou microbiologistas em laboratórios de diagnóstico porque considera o inibidor da beta-lactamase e os substratos beta-lactâmicos que são ambos clinicamente relevantes.

Tabela 1: Classificação Bush-Jacoby Medeiros modificada (Bush *et al.*, 1995).

Grupos funcionais	Perfil do substrato	Classe molecular	Inibidor	Exemplo
1	Cefalosporinase	C	OXA	AmpC,MIR-1
2a	Penicilinase	A	Clav	S.aureus
2b	Amplo espetro	A	Clav	Tem-1Z2,SHV-1
2be	Alargado	A	Clav	Tem-3-29,Tem-46104,SHV 2-28, tipos CTX-M
2 quartos	Resistente a inibidores	A		Tem-30-41(IR -12)
2c	Carbenicilinase	A		AER-1 (C),CARB-3
2d	Oxacilinase	D	Clav	PSE-1
2e	Cefalosporinase	A	Clav	OXA-1,OXA-2,10
2f	Carbepenemase		Clav	IPM- 1,NmcA, Smcl-3
3	Metaloenzimas	A		S.maltophilia
4	Penicilinase	B		B.cepacia(c)

1.5 Tipos de ESBLs

Existem principalmente quatro tipos de ESBLs

1.5.1 TEM

As ESBL do tipo TEM são derivados de TEM-1 e TEM-2. A TEM -1 foi registada pela primeira vez em 1965 num doente chamado Temoniera, daí a designação TEM (Sougakoff *et al.*, 1988). É a beta-lactamase mais encontrada entre as bactérias gram-negativas (Jacoby *et al.*, 1991). A TEM-1, que não é uma ESBL, pode hidrolisar a ampicilina em maior grau do que a oxacilina, a carbenicilina ou a cefalotina e não pode hidrolisar cefalosporinas de espetro alargado, como a ceftriaxona, a cefotaxima, a ceftazidima, etc. (Saugoak *et al.*, 1988). É inibida pelo ácido clavulânico. O TEM-2 tem o mesmo perfil hidrolítico que o TEM-1, mas tem um promotor nativo mais ativo e um ponto isoelétrico diferente de 5,6 em comparação com 5,4 do TEM-1 (Jauvenot *et al.*, 1987). O TEM-13 tem um perfil hidrolítico semelhante ao do TEM-1 e do TEM-2. As TEM- 1, 2 e 13 não são beta-lactamases de espetro alargado. Atualmente, foram descritas mais de 100 betalactamases do tipo TEM, das quais a maioria são ESBLs . Os seus pontos isoeléctricos variam entre 5,2 e 6,5 (Jaunvenot *et al.*, 1987 e Sougakoff *et al.*, 1988). Na Tanzânia, foi registado um tipo de TEM-ESBL (Blomberg *et al.*, 2005).

1.5.2 SHV

SHV refere-se à variável sulfidrilo. Os tipos de SHV, que costumavam ser mais frequentemente encontrados em isolados clínicos do que qualquer outro tipo que hidrolisa antibióticos β-lactâmicos de espetro alargado, foram isolados de *Klebsiella ozaenae* em 1983 na Alemanha (Kilebe *et al.*, 1985). Verificou-se que esta enzima diferia da enzima-mãe SHV-1 pela substituição da glicina por serina na posição 238 th e foi designada SHV-2. Os tipos SHV de ESBLs foram detectados numa vasta gama de Enterobacteriaceae e foram comunicados surtos de *Pseudomonas spp* e *Acinetobacter spp* produtoras de SHV (Nuesch *et al.*, 1997). Ao contrário das β-lactamases do tipo TEM, existem poucos derivados de SHV-1; foram descritas mais de 50 variedades de SHV em todo o mundo (Ulises *et al.*, 2007). Os alelos SHV ESBL foram registados na Tanzânia e na Alemanha.

1.5.3 CTX-M

A CTX-M é uma família de ESBLs recentemente descrita; estas enzimas hidrolisam mais a cefotaxima do que a ceftazidima e também hidrolisam a cefepima com elevada eficiência (Baraniak *et al.*, 2002 e Alobwede *et al.*, 2003). O tazobactam apresenta um melhor efeito inibitório em relação à CTX-M do que o sulbactam e o clavulanato (Reynaud *et al.*, 1991). Os genes para estas enzimas estão localizados nos plasmídeos, variando geralmente entre 7-260kb de tamanho (Bonnet *et al.*, 2004). Os plasmídeos adquiriram estes genes a partir de cromossomas de *Kluyvera spp* (Humeniuk *et al.*, 2002). O tipo CTX-M foi registado na maior parte do mundo, e acredita-se que possa ser o tipo mais frequente de ESBLs no mundo (Bonnet *et al.*, 2004). Atualmente, são conhecidas mais de 113 variedades CTX-M.

1.5.4 OXA- Beta-lactamases

As beta-lactamases OXA- são assim designadas devido à sua capacidade de hidrolisar a oxacilina. Estas beta-lactamases são caracterizadas pela sua capacidade de hidrolisar a cloxacilina e a oxacilina 50% mais do que a penicilina benzílica (Daniel *et al.*, 1995; Nordamann *et al.*, 2000). Ocorrem predominantemente em *Pseudomonas spp*, mas foram detectadas em muitas outras bactérias gram-negativas (Daniel *et al.*, 1995). A maioria das beta-lactamases do tipo OXA não hidrolisa as cefalosporinas de espetro alargado num grau significativo, pelo que não são ESBLs.

Outros tipos de ESBLs incluem PER1-2, VEB-1-2, GES, SFO e IBC. As ESBL de tipo PER partilham apenas 25 a 27% de homologia com as ESBL de tipo TEM e SHV conhecidas. Esta enzima foi detectada pela primeira vez em pseudomonas e, mais tarde, em salmonelas e acinetobacter (Bauerfeind *et al.*, 1996). A VEB-1 tem a maior homologia (38%) com as PER 1 e PER-2 (Vahaboglu *et al.*, 1997). Apresenta um nível de resistência mais elevado à ceftazidima, à cefotaxima e ao aztreonam, que é invertido pelo ácido clavulânico. Esta enzima é mediada por plasmídeos; foi isolada pela primeira vez de uma criança vietnamita hospitalizada em França (vahaboglu *et al.*, 1997; Poirel *et al.*, 1999). Foram descritas outras enzimas VEB no Kuwait e na China. A GES, a SFO e a IBC são exemplos de ESBLs não TEM e não SHV e foram encontradas numa vasta gama de localizações geográficas (Galani *et al.*, 2004; Medeiros *et al.*, 1993)

1.6 Antibióticos beta-lactâmicos

Os antimicrobianos beta-lactâmicos são o tratamento mais comum para as infecções bacterianas gram-positivas e gram-negativas e para as infecções anaeróbias (Ambler *et al.*, 1980; Kotra *et al.*, 2002; Holten e Onusko 2000). Os beta-lactâmicos são uma família de agentes antimicrobianos que consiste em quatro grupos principais: penicilinas, cefalosporinas, monobactérias e carbapenemes (Kotra *et al.*, 2002)

O efeito bactericida dos antibióticos beta-lactâmicos é efectuado através da inibição da síntese da parede celular , e este efeito ocorre através da ligação covalente à proteína de ligação à penicilina (PBP), que é uma enzima transpeptidase de peptidoglicano que catalisa os passos finais na formação da parede celular. A danificação da célula bacteriana por radicais hidroxilo também desempenha um papel importante neste processo, mas o mecanismo exato ainda não é claro. Foram identificadas várias PBPs, que são exclusivas das bactérias. Além disso, o espetro e os efeitos dos diferentes β-lactâmicos são determinados pelas PBPs a que estes antibióticos se ligam (Kohanski *et al.*, 2007).

O primeiro tratamento clínico bem sucedido com penicilina foi conseguido em 1930 para tratar a oftalmia neonatal gonocócica (conjuntivite em recém-nascidos). As empresas americanas começaram a produzir a penicilina G, enquanto as britânicas produziam a penicilina F. Na Áustria, Brandl e Margreiter (Brandl *et al.*, 1953) descobriram a penicilina V, mais estável em termos de ácido, que representou a primeira penicilina ativa para administração oral16. A ampicilina e a amoxicilina (α-aminopenicilinas), duas penicilinas com maior estabilidade ácida e melhor efeito Gram-negativo, foram desenvolvidas pela Beecham. A Beecham preparou também a meticilina em 1959 e a nafcilina em 1960, duas penicilinas adicionais muito mais estáveis contra as β-lactamases, a que se seguiram rapidamente os compostos flucloxacilina e dicloxacilina, que apresentavam uma estabilidade ácida ainda maior. A carbenicilina e a ticarcilina foram introduzidas em 1967 e 1973, respetivamente, e tornaram-se os primeiros antibióticos a serem úteis no tratamento de infecções por *Pseudomonas aeruginosa*, porque eram mais estáveis contra as beta-lactamases da classe C. A temocilina foi posteriormente desenvolvida a partir da ticarcilina, sendo também estável face às beta-lactamases de classe A (Page GPM., 2012).

Em 1977, Toyama desenvolveu a ureidopenicilina denominada piperacilina, que penetrava mais facilmente na célula (Jones *et al.*, 1977). Em 1972, os Laboratórios Leo sintetizaram o análogo da penicilina mecilinam; este agente tinha uma boa atividade contra os Gram-negativos, mas apresentava uma biodisponibilidade algo inferior (Boniece *et al.*, 1998).

Em 1945, em Cagliari, Itália, Brotzu isolou o fungo *Cephalosporium acremonium* da água do mar. Abrahams trabalhou na extração e produção da substância ativa do *C. acremonium* no laboratório de Florey em Oxford, Inglaterra, e tornou-se evidente que a cadeia lateral da molécula de β-lactama influenciava o efeito antibacteriano. Foi possível extrair a penicilina N do fungo, que tinha um efeito Gram-negativo mais forte do que a penicilina. Entre os produtos de degradação da penicilina N, Abraham e Newton encontraram a cefalosporina C, que se revelou mais estável do que as penicilinas contra as beta-lactamases bacterianas (Abraham *et al.*, 1953). Esta descoberta acabou por conduzir à produção semi-sintética de quatro gerações de cefalosporinas. As primeiras cefalosporinas semi-sintéticas (cefaloridina e cefalotina) foram introduzidas em meados da década de 1960 (Muggleton *et al.*, 1999) e revelaram um efeito Gram negativo algo limitado. Em comparação com as penicilinas, revelou-se mais fácil modular as cefalosporinas a fim de alterar a sua atividade antimicrobiana, especialmente para melhorar o seu efeito sobre as bactérias Gram negativas. O sistema utilizado para produzir cefalosporinas baseia-se em diferenças na atividade microbiana. Por conseguinte, quando a síntese da segunda geração de cefalosporinas foi iniciada no princípio da década de 1970, foram envidados esforços para alargar a cobertura de modo a incluir um impacto nas bactérias Gram-negativas, para além do efeito Gram-positivo. A cefuroxima foi introduzida em 1984 e tinha uma maior capacidade de penetrar na barreira sanguínea e cerebral, o que significava que podia ser utilizada em vez da benzilpenicilina ou da ampicilina como tratamento inicial em casos de meningite (Lancet *et al.*, 1982).

As cefalosporinas de terceira geração (também conhecidas como oxiimino-β-lactamas) incluíam compostos como a cefotaxima (1979), a ceftazidima (1980) e a ceftriaxona (1981), que ofereciam uma cobertura alargada das bactérias gram-negativas e uma estabilidade ainda maior das beta-lactamases. Em parte, estas cefalosporinas foram desenvolvidas devido à descoberta de β-lactamases de espetro estreito (por exemplo, TEM-1), e algumas delas também tinham uma boa biodisponibilidade oral. O efeito Gram-negativo foi ainda mais alargado na quarta geração de cefalosporinas. Posteriormente, foi obtido um melhor efeito Gram-positivo na quinta geração, o que se aplicou mesmo a *S. aureus* resistente à meticilina (MRSA), pelo que estes agentes são também designados por cefalosporinas activas para MRSA (Andes *et al.*, 2009).

As cefamicinas são outro grupo de antibióticos que foram desenvolvidos na década de 1970. Estes agentes revelaram ter o mesmo efeito antimicrobiano que as cefalosporinas de segunda geração mas eram estáveis contra as ESBL da classe A (Onish *et al.*, 1974). No final da década de 1960, a Beecham e a Merck utilizaram *Streptomyces* para o desenvolvimento de carbapenemes, que eram altamente resistentes à hidrólise enzimática. Foram descobertos mais de 50 carbapenemes, mas muitos deles são demasiado instáveis. (Page GM., 2012). O primeiro carbapenem foi o imipenem, descoberto em 1979 e introduzido em 1984. A segunda geração de carbapenems incluiu o meropenem (1996), o ertapenem (2001) e o doripenem (2007). Os carbapenemes são os únicos antibióticos que têm algum grau de efeito pós-antibiótico nas infecções causadas principalmente por bactérias Gram-negativas (Codenholt *et al.*, 1992). Os primeiros antibióticos beta-lactâmicos monocíclicos produzidos por bactérias foram descritos em 1979 e mais tarde designados monobactâmicos (por exemplo, aztreonam). Os monobactâmicos são altamente activos contra o efeito Gram-negativo, mas não são activos contra o efeito Gram-positivo, e são também estáveis a várias betalactamases (Boniece *et al.*, 1962)

Em 1977, o ácido clavulânico, inibidor da beta-lactamase, foi descoberto em *Streptomyces* e este composto é utilizado principalmente em combinação com a amoxicilina. Outros agentes deste grupo incluem o sulbactam, que tem boa atividade contra as beta-lactamases da classe A, e o tazobactam, que é ativo contra algumas beta-lactamases da classe C. O tazobactam está disponível em combinação com a piperacilina, o que o torna útil como antibiótico de largo espetro com bons efeitos tanto em bactérias Gram-negativas como Gram-positivas (Podschu *et al.,* 1998; Page GPM., 2012).

1.6.1 Modo de ação

Os antibióticos beta-lactâmicos actuam nas bactérias através de dois mecanismos: em primeiro lugar, incorporam-se na parede celular bacteriana e inibem a ação da transpeptidase, responsável pela conclusão da parede celular. Em segundo lugar, ligam-se às proteínas de ligação à penicilina (PBPs) que normalmente suprimem as hidrolases da parede celular, libertando assim estas hidrolases, que por sua vez actuam para lisar a parede celular bacteriana.

Os beta-lactâmicos actuam inibindo a fase final da síntese do peptidoglicano da parede celular em bactérias metabolicamente activas e em divisão (Figura 1.2). A parede celular é composta por peptidoglicano, constituído por unidades repetidas de N-acetilglucosamina (NAG) e ácido N-acetilmurâmico (NAM) em forma de cadeia polimérica. O passo final na biossíntese da parede celular é uma reação de transamidação, catalisada pela transamidase da parede celular (CWT). O processo de reticulação é extremamente sensível aos antibióticos beta-lactâmicos. A CWT é também conhecida como proteína de ligação à penicilina 1 (PBP-1). Várias penicilinas ligam-se de forma diferente a diferentes PBP's, produzindo uma variedade de efeitos. A ligação à PBP-1 (uma transpeptidase ou transamidase) produz lise celular, enquanto a ligação à PBP-2 (também uma transpeptidase) leva a células ovais que não se podem dividir.

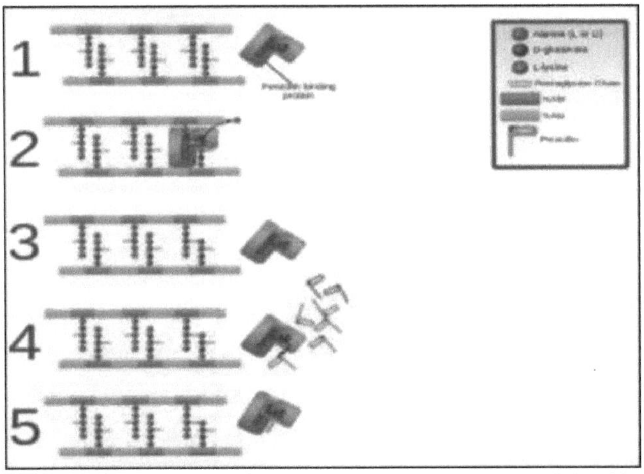

Fig. 1.2: Representação da alternância das subunidades NAM e NAG na parede celular bacteriana (1). As ramificações laterais peptídicas das subunidades NAM são reticuladas por PBP-transpeptidases (2, 3). A penicilina ataca o sítio ativo da PBP. Apresentação esquemática do modo de ação dos antibióticos β-lactâmicos: o grupo hidroxilo da serina (violeta) (4), formando uma ligação covalente irreversível à PBP, produzindo assim um bloqueio permanente do sítio ativo (5) e, consequentemente, bloqueando a síntese da parede celular.

1.7 Beta-lactamases

As beta-lactamases são o nome coletivo das enzimas que abrem a via dos beta-lactâmicos adicionando uma molécula de água à ligação beta-lactâmica comum, o que inativa o antibiótico beta-lactâmico, desde a penicilina até aos carbapenemes (Kirby *et al.*, 1944). Atualmente, foram encontradas mais de 500 beta-lactamases diferentes na natureza (CLSI 2010). As beta-lactamases também se espalharam rapidamente para outras bactérias, e em breve, após alterações em apenas um ou alguns aminoácidos, estas enzimas foram capazes de hidrolisar cefalosporinas de espetro estreito (Brunton *et al.*, 1986). Estas enzimas versáteis estão presentes tanto em bactérias Gram positivas como Gram negativas (Holten e Onusko *et al*., 2000). As bactérias Gram positivas produtoras de beta-lactamase libertam a enzima para o meio circundante. Mas as bactérias Gram negativas libertam a enzima para o espaço periplasmático. Por isso, chama-se a isto proteção de grupo para as bactérias Gram positivas e proteção individual para as bactérias Gram negativas (Samaha-Kfoury *et al*., 2003). As beta-lactamases estavam presentes nas bactérias muito antes da introdução das penicilinas (Woodruff e Foster *et al*., 1945), e os genes que codificam estas enzimas antigas foram

originalmente localizadas no cromossoma bacteriano (Hanson *et al*., 1999; Yusha *et al*., 2010). Além disso, estas enzimas são induzíveis e constitutivamente expressas em quantidades reduzidas.

1.7.1 Mecanismo de ação das enzimas β-lactamases

Os antibióticos beta-lactâmicos têm um anel beta-lactâmico, que pode ser hidrolisado por beta-lactamases (Figura 1.4). Os grupos diferem uns dos outros por anéis adicionais, por exemplo, anel de tiazolidina para a penicilina, núcleo Cephem para a cefalosporina, nenhum para o monobactéria, estrutura de anel duplo para o carbapenem (Levinson *et al*., 2010). As beta-lctamases destroem o anel beta-lactâmico por adição de moléculas de água à ligação beta-lactâmica comum e inactivam o antibiótico.

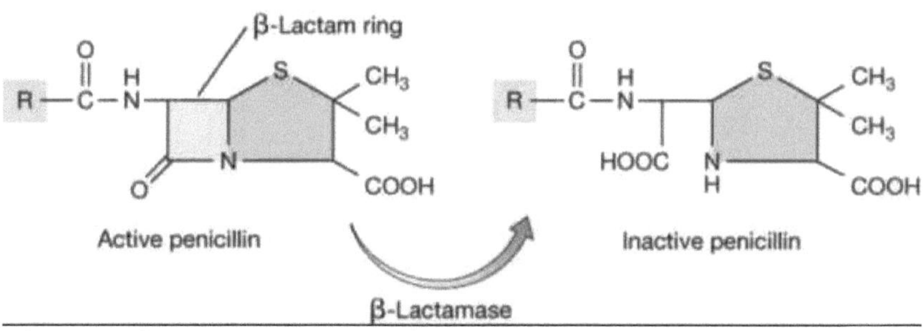

Fig 1.3: Destruição do anel beta-lactâmico pela enzima beta-lactamase

1.8 Beta-lactamases de espetro alargado (ESBLs)

As beta-lactamases de espetro alargado (ESBLs) são um grupo de enzimas com a capacidade de hidrolisar e causar resistência às oxi-cefalosporinas (ou seja, cefotaxima, ceftazidima, ceftriaxona, cefuroxima e cefepima) e aos monobactâmicos (ou seja, aztreonam) (Peirano e Pitout *et al*., 2010).

As beta-lactamases fazem parte do grupo mais heterogéneo de enzimas de resistência. Estas proteínas globulares são compostas por alfa-hélices e folhas beta pregueadas. Apesar de uma quantidade significativa de variabilidade da sequência de aminoácidos, as beta-lactamases partilham uma topologia global comum (Perez *et al.*, 2007).

1.8.1 Critérios

1. São capazes de inativar as cefalosporinas de espetro alargado (primeira, segunda, terceira e quarta gerações e o monobactam aztreonam).

2. São inibidas por inibidores de beta-lactases, como o ácido clavulânico, cabapenemsulbactum, tozabactum e a temocilina (CLSI 2010). A estas novas enzimas foi dado o nome de ESBLs que reflecte o facto de serem as beta-lactamases mais antigas e terem uma nova capacidade de hidrolisar um espetro mais amplo de medicamentos beta-lactâmicos (Jacoby *et al.*, 1988)

1.8.2 Mecanismo de ação das ESBLs

a) Um mecanismo comum de resistência bacteriana aos antibióticos beta-lactâmicos é a produção de enzimas beta-lactamases que quebram o anel estrutural beta-lactâmico dos medicamentos do tipo penicilina (Chaudhary e Aggarwal *et al.*, 2004; Paterson *et al.*, 1999).

b) Uma mutação pontual que altera a configuração em torno do sítio ativo das enzimas do tipo TEM e SHV, que especifica a resistência à ampicilina e tem uma nova capacidade de hidrolisar um espetro mais vasto de medicamentos beta-lactâmicos (Philippon *et al.*, 1898).

c) A utilização médica de antibióticos pode acelerar consideravelmente a pressão de seleção para a diversificação e a disseminação de beta-lactamases de espetro alargado mutantes (Farkosh *et al.*, 2007).

d) As ESBL têm uma serina no seu sítio ativo e atacam a ligação amida no anel lactâmico dos antibióticos, causando a sua hidrólise (Chaudhary e Aggarwal *et al.*, 2004). ESBL significa beta-lactamase de espetro alargado. As bactérias produtoras de ESBLs são diferentes de outros superbactérias, porque ESBL não se refere a um tipo específico de bactéria. (Por exemplo, MRSA refere-se especificamente a estirpes de *S. aureus* resistentes à meticilina). Os organismos resistentes a múltiplos medicamentos que foram encontrados incluem:

MRSA - *Staphylococcus aureus* resistente à meticilina/oxacilina.

ERV . *Enterococos* resistentes à vancomicina

ESBLs . Beta-lactamases de espetro alargado

PRSP-Penicillin resistant *Streptococcus pneumonia (*Toder *et al.*, 2008).

Objectivos

Os objectivos do presente estudo são os seguintes:

1. Para isolar e caraterizar *E.coli* de várias amostras clínicas.
2. Determinar a suscetibilidade dos isolados contra vários antibióticos.
3. Identificar os isolados produtores de ESBL (produtores de ESBL) e a sua confirmação através de vários testes de confirmação.

Materiais e métodos

2.1 Reagentes e meios

Ágar Mac-Conkey, ágar Levis Eosina Azul de Metileno (EMB), ágar Muller Hinton (MH), ágar-ágar bacteriológico, ágar citrato de Simmon, ágar Nutient, peptona, peptona protease, extrato de carne, extrato de levedura, glicose, lactose, sacarose, sulfato ferroso, tiossulfato de sódio, cloreto de sódio (Hi-Media Laboratories Pvt. Ltd, Mumbai), NaCl, K2HPO4, peróxido de hidrogénio, reagente de Kovac, indicador vermelho de metilo, vermelho de fenol, indicador de Andrade, α-naftol, hidróxido de potássio (Rankem Pvt. Ltd, Maharashtra) e esferas coloridas.

Discos de antibióticos: Tetraciclina (TE) (10µg), Ácido nalidíxico (NA) (30µg), Cefoperazona (CP) (30µg), Cefoperazona/Sulbactam (CM) (30µg), Ceftriaxona (RP) (30µg), Ceftriaxona/Sulbactam (CL) (10µg), Piperacilina (PC) (10µg), Ceftizoxima (Cl) (30µg), Cefixima (SF) (30µg), Ofloxacina (ZN) (10µg) (BIO RAD Pvt. Ltd) e Ceftriaxona (CTR) (5µg), Cefotaxima (CTX) (30µg), Ceftazidima (CAZ) (30µg), Amicacina (AK) (30µg), Ampicilina (AMP) (10µ), Ampicilina/Sulbactam (A/S) (30µg), Piperacilina/Tazobactam (PIT) (10µg), Norfloxacina (NX) (10µg), Levofloxacina (LE) (10µg), Gentamicina (GEN) (30µg), Amoxiclav (AMC) (30µg) (Hi-Media Laboratories Pvt. Ltd, Mumbai).

2.2 Recolha de amostras

O presente estudo incluiu um total de 150 amostras clínicas, incluindo 30 amostras de pus e 120 amostras de urina, que foram colhidas no Laboratório do Rotary L.G Haria Hospital e no Laboratório Devanshi, em Vapi. Todas as amostras foram recolhidas em recipientes esterilizados e agitadas em vórtex antes do processamento.

2.3 Isolamento e identificação

Para o isolamento da *E.coli* e da *K.pneumoniae*, todas as amostras clínicas foram inoculadas primeiro em ágar Nutient e em ágar Mac-Conkey e depois incubadas a 37°C durante 24 h. No dia seguinte, as caraterísticas culturais e das colónias foram identificadas com base na caraterização bioquímica.

2.3.1 Caracterização bioquímica

2.3.1.1 Teste da catalase

Tanto o método da lâmina como o do tubo podem ser utilizados para o ensaio da catalase. A catalase é uma enzima que divide o peróxido de hidrogénio em água e oxigénio gasoso. Os organismos foram semeados em placas de ágar nutriente e incubados a 37 °C durante 24 h. Em seguida, adicionou-se externamente peróxido de hidrogénio ao crescimento dos organismos. O organismo que produz a atividade da catalase mostra a produção de efervescência.

2.3.1.2 Ensaio do indole

Os organismos que possuem a enzima triptofanase são capazes de hidrolisar e delaminar o triptofano com a produção de indol. O indol reage com o reagente de Kovac e forma um complexo rosa-indole de cor rosa. O teste do indol foi efectuado através da adição do reagente de Kovac ao meio de cultura.

2.3.1.3 Teste MR-VP (teste do vermelho de metilo - Vogus Prosker)

Tanto o teste MR como o teste VP foram efectuados utilizando 0,7 gm% de mistura de peptona, 0,5 gm% de fosfato de potássio e 0,5 gm% de dextrose como suplementos de meios de cultura. Para o referido teste, foram utilizados como indicadores uma solução de vermelho de metilo a 0,4%, alfa naftanol a 5% em álcool absoluto e uma solução de hidróxido de sódio a 40%. O desenvolvimento da cor vermelho-cereja indica um resultado positivo para estes testes.

2.3.1.4 Utilização de citratos

O teste de utilização de citrato foi efectuado de acordo com o método padrão de Simmons J, utilizando a lâmina de ágar citrato de Simmon. A lâmina foi inoculada com a cultura e incubada a 37°C durante 24 horas. Se a cor da lâmina passar de verde para azul, isso indica um resultado positivo.

2.3.1.5 Ensaio de fermentação do açúcar

Os açúcares são metabolizados através de diferentes vias metabólicas para formar vários ácidos que podem ser posteriormente decompostos em gases. O caldo de açúcar (glucose, lactose, sacarose, manitol, maltose, xilose) foi inoculado com a cultura e incubado a 37°C durante 24 h. A produção de ácido altera a cor do meio para rosa e o gás produzido é recolhido no tubo de Darham como pequenas bolhas que indicam os resultados positivos.

2.3.1.6 Teste do tríplice ferro açúcar (TSI)

Este meio foi utilizado para a identificação inicial de bacilos Gram negativos, particularmente membros de enterobacteriaceae. Três caraterísticas primárias de uma bactéria foram detectadas por este meio, incluindo a capacidade de fermentar hidratos de carbono (lactose, sacarose, glucose), a capacidade de produzir gás e a produção de gás sulfídrico. Para inocular um meio de inclinação e um meio de extremidade, uma pequena quantidade de crescimento de uma colónia de cultura pura foi colhida num fio reto e inoculada neste meio, esfaqueando a extremidade e estriando a superfície da inclinação num padrão em ziguezague do tubo até ao fundo e incubado a 37°C durante 24 h. No dia seguinte, observar a fermentação destes açúcares, a produção de gás, H2S e extremidade na inclinação.

2.4 Teste de suscetibilidade aos antibióticos

Os isolados de *E. coli* e *K. pneumoniae* foram submetidos a um teste de suscetibilidade antimicrobiana pelo método de difusão em disco de Kirby-Baur, seguindo as recomendações do CLSI. A E.coli isolada foi inoculada em água peptonada e incubada a 37°C durante 4-6 h. A turvação do crescimento foi ajustada para 0,5 do padrão de Macfarland. Em seguida, esta suspensão foi inoculada numa placa de ágar Muller-Hinton por cultura em placas. Depois disso, foram colocados vários discos de antibióticos utilizando pinças estéreis e pressionados suavemente para assegurar o contacto adequado com o meio. As placas foram então incubadas a 37°C durante 24 h. A zona de inibição foi medida e interpretada.

2.4.1 Os discos de antibióticos que foram utilizados no teste de suscetibilidade aos antibióticos:

Ácido nalidíxico (NA)	Ceftizoxima (cl)
Ceftriaxona (CTR)	Piperacilina (PC)
Amicacina (AK)	Cefoperazona (CP)
Tetraciclina (TE)	Ofloxacina (ZN)
Gentamicina (GEN)	Norfloxacina (NX)
Ampicilina (AMP)	Levofloxacina (LE)
Cefixima (SF)	Ciprofloxacina (CIP)
Cefpotaxime (CTX)	Ceftizidime(CAZ)

2.5 Deteção de beta-lactamases de espetro alargado (ESBLs)

2.5.1 ESBL- teste de despistagem

Os isolados *de E. coli* foram selecionados para uma possível produção de ESBL utilizando discos de Ceftriaxone(CTR), Ceftizoxime(Cl), Cefoparazone(CP), Cefixime(SF) , Cefotaxime (CTX), Ceftazidime(CAZ). Os organismos isolados foram inoculados em água peptonada e incubados a 37.C durante 4-6 horas. A turvação do crescimento foi ajustada para 0,5 do padrão de Macfarland. A suspensão foi inoculada numa placa de ágar Muller-Hinton por cultura em placas. Os seis discos acima mencionados foram colocados com um intervalo de 20 mm cada. Em seguida, as placas foram incubadas a 37°C durante 24 h. Após a incubação, efectuou-se a leitura. A zona que se formou à volta dos discos foi medida e interpretada como sensível e resistente. Os isolados que mostraram resistência a qualquer um destes discos de antibiótico foram considerados como positivos. Estes isolados foram ainda testados quanto à produção de ESBL através do método do teste de sinergia de disco duplo (DDST) e do teste de difusão de disco duplo (DDDT). Os outros isolados que eram sensíveis a estes antibióticos não foram incluídos nos testes adicionais para a produção de ESBL.

2.5.2 Deteção de ESBL por teste de sinergia de disco duplo (DDST)

Os isolados que foram selecionados como positivos para a produção de ESBL foram inoculados em água peptonada e incubados a 37°C durante 4-6 h. A turvação do crescimento foi ajustada para 0,5 padrão de Macfarland. Esta suspensão foi inoculada numa placa de ágar Muller-Hinton por cultura em placas. O disco contendo Amoxyclav (amoxicilina+ácido clavulânico) foi colocado no centro da placa. Os discos de ceftriaxona, ceftizoxima, cefoperazona, cefixima e cefotaxima foram colocados a uma distância interdisco de 15 mm do disco de combinação. As placas foram incubadas a 37°C durante 24 h. O aumento da zona de inibição do amoxiclav por qualquer um destes fármacos, como a ceftriaxona (CTR), a ceftizidima (CAZ), a cefoperaxona (CP), a cefixima (SF) e a cefotaxima (CTX), foi considerado um resultado positivo.

2.5.3 Teste de difusão em disco duplo (Teste de confirmação fenotípica)

O teste DDDT foi utilizado para confirmar que os isolados eram positivos por DDST. Inóculos padronizados em conformidade com os padrões de 0,5 McFarland de isolados suspeitos de produzir ESBL foram inoculados conforme descrito anteriormente. Em seguida, foram colocados na placa, à distância recomendada, 4 discos contendo ceftriaxona (CTR), cefoperazona (CP) com e sem sulbactam. As placas foram incubadas a 37°C durante 24 h. Um aumento maior ou igual a 5 mm no diâmetro da zona tanto para a ceftriaxona como para a cefoperazona testadas em combinação com sulbactam (CL e CM, respetivamente) em relação ao seu diâmetro de zona quando testadas isoladamente (CTR e CP, respetivamente) confirmou a produção de uma ESBL. Qualquer um dos discos de antibiótico de Chephalospronis, com ou sem combinação, pode ser utilizado para a DDST.

Resultados e discussão

3.1 Isolamento

Foi analisado um total de 150 amostras clínicas (urina e pus) colhidas de pacientes externos e internos, das quais apenas 65 isolados *de E. coli* e nenhum de *K. pneumoniae* foram obtidos dos pacientes com ITU sintomáticas (n=50) e das amostras de pus (n=15) (Quadro 6).

A faixa etária dos doentes situava-se entre os 5 e os 65 anos, com uma média de 25 a 28 anos (Fig. 3.2). No estudo efectuado por Naik e Desai, March (2012), foram recuperados mais isolados *de E. coli* de mulheres (n=76) do que de homens (n=49), o que está de acordo com estes resultados. Estes isolados *de E. coli* foram submetidos a testes de suscetibilidade a antibióticos, rastreio de ESBL, teste de sinergia de disco duplo (DDST), teste de difusão de disco duplo (DDDT) e testes de confirmação fenotípica.

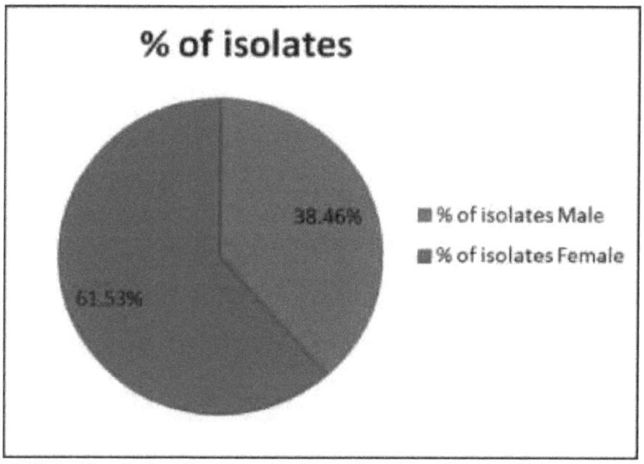

Fig 3.1 Distribuição dos isolados *de E.coli* em diferentes sexos.

Das 150 amostras clínicas que foram inoculadas na placa de ágar Mac-Conkey, apenas 80 isolados mostraram colónias fermentadoras de lactose, de cor rosa, planas, secas (rugosas), que foram consideradas organismos *E.coli* (Fig. 3.3) e os restantes 70 isolados mostraram colónias não fermentadoras de lactose, pelo que nenhum dos isolados mostrou colónias mucóides fermentadoras de lactose, pelo que nenhum dos organismos *K. pneumoniae* foi isolado no presente estudo a partir das amostras de urina e pus recolhidas (Quadro 2).

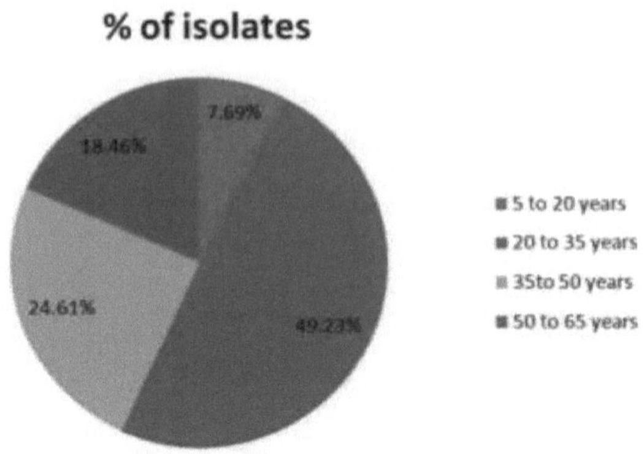

Fig 3.2: Distribuição dos isolados *de E.coli* de acordo com a idade.

Nos outros dois estudos semelhantes realizados em uropatogénios por Azra (2007) e Ritu (2009), a prevalência de *E. coli* foi registada, respetivamente, em 50,7% e 50% entre os isolados de gram-negativos, tendo sido observada uma incidência mais baixa, ou seja, 43,3% de *E. coli* no presente estudo. Dos 65 isolados *de E. coli*, 20 isolados eram de doentes internados e 45 isolados eram de doentes externos. As Enterobacteriaceae que foram isoladas de espécimes clínicos mostraram um aumento na ocorrência de produtores de ESBL (Umadevi *et al.*, 2011). A resistência a múltiplos fármacos (MDR) é um problema importante na gestão dos uroparogénios (Tankhiwala e Jalgaonkar, 2004; Akram e Shahid, 2007; Hasan e Nair, 2007). O aparecimento a nível mundial de patogénios multirresistentes (MDR) é uma preocupação crescente que se encontra normalmente nos hospitais onde a utilização de antibióticos é frequente e os doentes se encontram em condições críticas (Shahanara *et al.*, 2013). Os isolados produtores de ESBL estão maioritariamente associados a ITU, o que é semelhante ao presente estudo. (Melzer *et al.,* 2007). As opções terapêuticas para as ITU causadas pelos produtores de ESBL tornaram-se cada vez mais limitadas (Metri Basavaraj *et al.*, 2011).

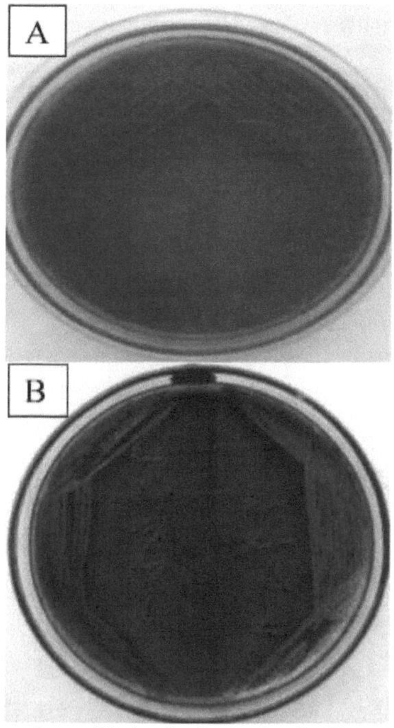

Fig 3.3 (a): Caraterísticas da colónia do isolado de E. coli na placa de ágar Mac-conkey (colónias que fermentam a lactose, planas (colónias que fermentam a lactose, planas, secas, rugosas e de cor rosa), (b): Caraterísticas da colónia de isolado de E. coli na placa de ágar EMB (colónias esverdeadas de cor metálica).

Quadro 2: Morfologia, caraterísticas das colónias e das culturas dos diferentes isolados.

Número de isolamento	Crescimento em meio NA	Crescimento em meio de ágar Mac-conkey	Crescimento em meio de ágar EMB	A natureza da avó	Motilidade
104,60,67,53, 93	Tamanho-grande Forma-circular Superfície-suave Borda-íntegra Opacidade-opaca Consistência-úmida	Colónias que não fermentam a lactose	Sem colónias de brilho metálico esverdeado	Gram-ve, bastonetes finos em cadeia	Não-móvel
87,108,131,35, 111	Tamanho-grande Forma-circular Superfície-suave Bordo-íntegro **Opacidade -** translúcida **Consistência -** húmida	Colónias que não fermentam a lactose	Sem colónias de brilho metálico esverdeado	Gram-ve, bastonetes	Não-móvel
139,143,55,90, 16	**Tamanho - grande Forma -** oval Superfície - **transparente** **Borda -** inteira **Opacidade -** opaca **Consistência -** húmida	Colónias que não fermentam a lactose	Sem colónias de brilho metálico esverdeado	Gram-ve, bastonetes curtos	Não-móvel
21,35,28,40,42	Tamanho-médio Forma-circular Superfície-suave Borda-íntegra Opacidade-translúcida Consistência-	Colónias de cor rosa seco, planas e com fermentação de lactose	Colónias com centro escuro e brilho metálico esverdeado	Gram-ve, bastonetes curtos	Móbil

	úmida				
45,55,85,90, 120	Tamanho-médio Forma-circular Superfície-suave Bordo-inteiro **Opacidade-** translúcido **Consistência-** húmido	Fermentação com lactose, colónias planas e secas de cor rosa	Colónias de centro escuro, metálicas esverdeadas sheen	Gram-ve, bastonetes curtos	Móbil
11,32,46,29,49	Tamanho-médio Forma-circular Superfície-suave Borda-íntegra Opacidade- translúcida Consistência- úmida	Colónias de cor rosa seco, planas e com fermentação de lactose	Colónias com centro escuro e brilho metálico esverdeado	Gram-ve, bastonetes curtos	Móbil
12,18,24,128, 115	Tamanho-médio Forma-circular Superfície-suave Borda-íntegra Opacidade- translúcida Consistência- úmida	Colónias de cor rosa seco, planas e com fermentação de lactose	Colónias com centro escuro e brilho metálico esverdeado	Gram-ve, bastonetes curtos	Móbil
126,130,146, 103,114	Tamanho-médio Forma-circular Superfície-suave Borda-íntegra Opacidade- translúcida Consistência- úmida	Colónias de cor rosa seco, planas e com fermentação de lactose	Colónias com brilho metálico esverdeado	Gram-ve, bastonetes curtos	Móbil
111,121,100,9 8 101	**Tamanho** médio Forma-circular	Fermentação de lactose, plana,	Metálico esverdeado	Gram-ve, bastonetes curtos	Móbil
	Superfície lisa **Borda** inteira	colónias secas de cor rosa	colónias de brilho		

	Opacidade - translúcido **Consistência** - húmida				
58,62,76,83,91	Tamanho-médio Forma-circular Superfície-suave Borda-íntegra Opacidade-translúcida Consistência-úmida	Lactose-fermentação, colónias rugosas, de cor rosa	Esverdeado colónias de brilho metálico	Gram-ve, bastonetes curtos	Móbil
9,64,54,95,88	Tamanho-médio Forma-circular Superfície-suave Borda-íntegra Opacidade-translúcida Consistência-úmida	Lactose-fermentação, colónias planas, rugosas, de cor rosa	Colónias com centro escuro e brilho metálico esverdeado	Gram-ve, bastonetes curtos	Móbil
39,59,50,49,60	Tamanho-médio Forma-circular Superfície-suave Borda-íntegra Opacidade-translúcida Consistência-úmida	Colónias de cor rosa, ásperas e com fermentação de lactose	Colónias com centro escuro e brilho metálico esverdeado	Gram-ve, bastonetes curtos	Móbil
58,104,129,11 2 ,8	Tamanho-médio Forma-circular Superfície-suave Borda-íntegra Opacidade-translúcida Consistência-úmida	Colónias de cor rosa, ásperas e com fermentação de lactose	Colónias com centro escuro e brilho metálico esverdeado	Gram-ve, bastonetes curtos	Móbil
132,107,116, 133,139	Tamanho-médio Forma-circular	Colónias de fermentação de	Centro escuro,	Gram-ve, bastonetes	Móbil

	Superfície-suave Bordo-íntegro **Opacidade-**	lactose, planas, rugosas e de cor rosa	brilho metálico esverdeado	curtos	
	translúcido **Consistência -** húmido		colónias		
136,125,130, 147,108	Tamanho-médio Forma-circular Superfície-suave Borda-íntegra Opacidade-translúcida Consistência-úmida	Colónias de fermentação de lactose, planas, rugosas e de cor rosa	Colónias com centro escuro e brilho metálico esverdeado	Gram-ve, bastonetes curtos	Móbil
66,92,72,93,79	Tamanho-médio Forma-circular Superfície-suave Borda-íntegra Opacidade-translúcida Consistência-úmida	Lactose-fermentação, colónias planas, secas, de cor rosa	Colónias com centro escuro e brilho metálico esverdeado	Gram-ve, bastonetes curtos	Móbil

3.2 Caracterização bioquímica

As amostras clínicas que apresentavam colónias rugosas de cor rosa, fermentadoras de lactose, na placa de ágar Macconkey Fig. 3.3 (a) e colónias com brilho metálico esverdeado na placa de ágar EMB Fig. 3.3 (b) foram identificadas com base na natureza de Gram, na motilidade e em diferentes meios bioquímicos (teste da catalase e IMViC). Todos estes testes foram efectuados para a confirmação dos isolados como *E. coli*. Dos 80 isolados de E. coli que foram utilizados para um estudo de confirmação posterior, apenas 65 isolados *de E. coli* foram caracterizados por apresentarem bastonetes curtos gram-negativos na natureza de Gram, organismos móveis na motilidade (pelo método da gota suspensa), produção de efervescência no teste da catalase (Fig. 3.5), teste positivo do indole e do vermelho de metilo (MR), teste negativo de Voges-Proskauer (VP) e teste do citrato (Fig. 3.4), fermentam a glucose e a lactose na lâmina TSI devido a essa mudança de cor, produção de gás e rabo na lâmina e no teste de fermentação de hidratos de carbono todos os seis açúcares (glucose, lactose, sacarose, maltose, manitol e xilose) foram positivos pela produção de ácido+gás (Quadro 3). A caraterização bioquímica dos isolados que foi efectuada por (Eshwar *et al.*, 2011) no seu estudo é semelhante à do presente estudo.

Tabela 3: Caracterização bioquímica dos isolados (n=80)

Número de isolamento	Teste da catalase	Ensaio do indole	Ensaio de RM	Teste VP	Teste do citrato	T	S	I	Teste	Glu	Laca	Mal	Suc	Xil	Mani
						Mudança de cor	Gás	H2S	Rabo						
3,5,10, 15 ,17	+ve	-ve	+ve	-ve	+ve	+ve	+ve	-ve	+ve	+ve	+ve	-ve	+ve	-ve	-ve
6,8,16, 19 ,22	-ve	+ve	+ve	-ve	-ve	+ve	+ve	-ve	-ve	-ve	-ve	-ve	+ve	+ve	+ve
25,56,87, 75, 150	+ve	-ve	-ve	-ve	+ve	-ve	+ve	+ve	+ve	+ve	+ve	-ve	-ve	+ve	+ve
21,35,28, 40,42	+ve	+ve	+ve	-ve	-ve	+ve	+ve	-ve	+ve	+ve	+ve	+ve	+ve	+ve	+ve
45,55,85, 90, 120	+ve	+ve	+ve	-ve	-ve	+ve	+ve	-ve	+ve	+ve	+ve	+ve	+ve	+ve	+ve
11,32,46, 29,49	+ve	+ve	+ve	-ve	-ve	+ve	+ve	-ve	+ve	+ve	+ve	+ve	+ve	+ve	+ve
12,18,24, 128, 115	+ve	+ve	+ve	-ve	-ve	+ve	+ve	-ve	+ve	+ve	+ve	+ve	+ve	+ve	+ve
126,130, 146,103, 114	+ve	+ve	+ve	-ve	-ve	+ve	+ve	-ve	+ve	+ve	+ve	+ve	+ve	+ve	+ve
111,121, 100, 98,101	+ve	+ve	+ve	-ve	-ve	+ve	+ve	-ve	+ve	+ve	+ve	+ve	+ve	+ve	+ve
58,62,76, 83,91	+ve	+ve	+ve	-ve	-ve	+ve	+ve	-ve	+ve	+ve	+ve	+ve	+ve	+ve	+ve
9,64,54,9	+ve	+ve	+ve	-ve	-ve	+ve	+ve	-ve	+ve	+ve	+ve	+ve	+ve	+ve	+ve

5,88															
39,59,50, 49,60	+ve	+ve	+ve	-ve	-ve	+ve	+ve	-ve	+ve	+ve	+ve	+ve	+ve	+ve	+ve
58,104,129,112,8	+ve	+ve	+ve	-ve	-ve	+ve	+ve	-ve	+ve	+ve	+ve	+ve	+ve	+ve	+ve
132,107, 116,133, 139	+ve	+ve	+ve	-ve	-ve	+ve	+ve	-ve	+ve	+ve	+ve	+ve	+ve	+ve	+ve
136,125, 130,147, 108	+ve	+ve	+ve	-ve	-ve	+ve	+ve	-ve	+ve	+ve	+ve	+ve	+ve	+ve	+ve
66,92,72, 93,79	+ve	+ve	+ve	-ve	-ve	+ve	+ve	-ve	+ve	+ve	+ve	+ve	+ve	+ve	+ve

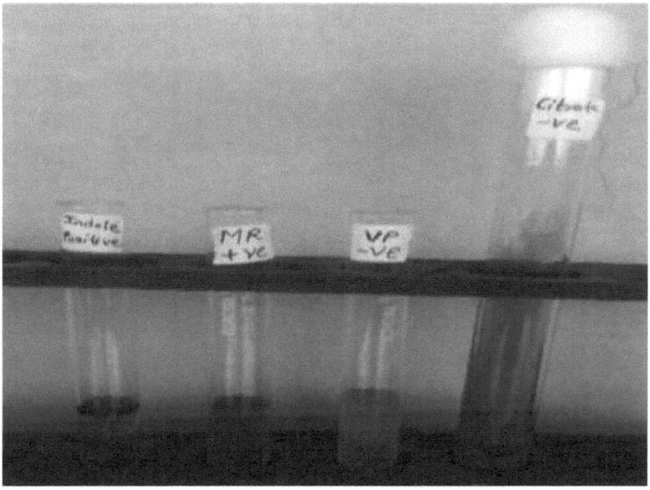

Fig 3.4: Teste IMViC do isolado *de E.coli.*

I=Teste de indole - positivo (anel de cor vermelha)

M= Teste do vermelho de metilo (MR) - Positivo (cor vermelho cereja)

V=Teste de Voges-Proskauer (VP) - Negativo (sem alteração da cor) C=Teste de citrato - Negativo (sem alteração da cor)

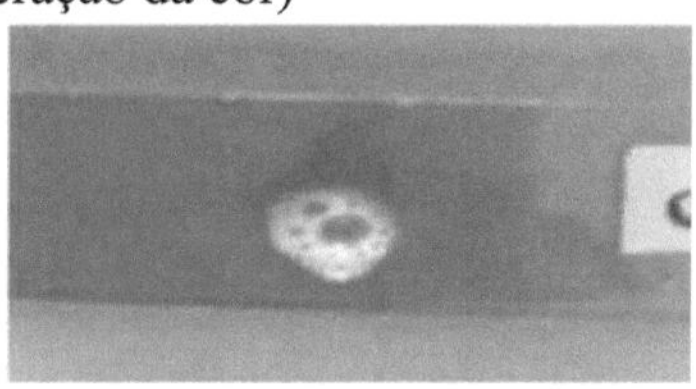

Fig 3.5: Teste de catalase positivo por *E.coli* (produção de efervescência).

3.3 Teste de suscetibilidade aos antibióticos

No teste de suscetibilidade aos antibióticos, os antibiogramas revelaram que 4 (6,15%) isolados eram resistentes à amicacina, 3 (4,61%) eram resistentes ao amoxiclav, 36 (55,38%) eram resistentes à ampicilina, 5 (7,69%) eram resistentes à gentamicina, 8 (12.30%) eram resistentes à levofloxacina, 35 (53,84%) eram resistentes ao ácido nalidíxico, 25 (38,46%) eram resistentes à norfloxacina, 10 (15,38%) isolados eram resistentes à ofloxacina, 8 (12,30%) isolados eram resistentes à piperacilina, ilustrados no Quadro 4 e na Fig. 3.6.

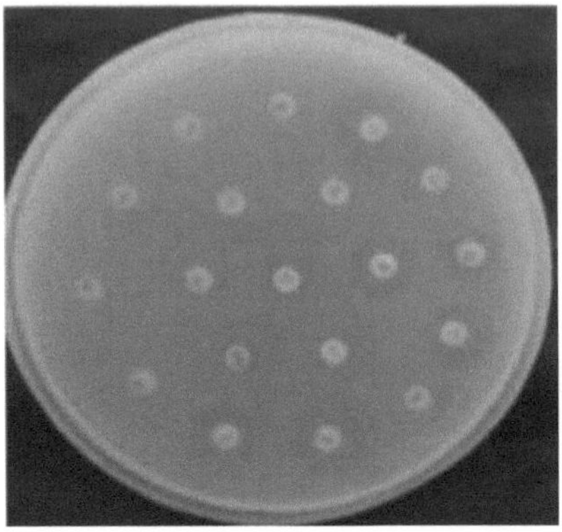

Fig. 3.6: Teste de suscetibilidade a antibióticos do isolado de *E.coli.*

3.4 Rastreio de isolados *de E. coli* produtores de ESBL

In a disc-based ESBL screening test; cefixime, cefoperazone, cefotaxime, ceftazidime, ceftizoxime, ceftriaxone (cephalosporins) were used as screening indicators in which 30 (46.15%) isolates of *E.coli* were resistant to cefixime, 30 (46.15%) isolados eram resistentes à cefoperazona, 29 (44,61%) isolados eram resistentes à cefotaxima, 30 (46,61%) isolados eram resistentes à ceftazidima, 20 (30,67%) isolados eram resistentes à ceftizoxima e 40 (61,53%) isolados eram resistentes à ceftriaxona (Quadro 4). De entre as seis cefalosporinas, os isolados *de E. coli* mostraram-se no máximo resistentes à ceftriaxona e à ceftazidima, que foram considerados os melhores antibióticos para os testes de confirmação fenotípica de ESBL quando utilizados com o DDST e o DDDT. Apenas os isolados *de E. coli* (28) que foram selecionados como positivos por se mostrarem resistentes a estas cefalosporinas foram utilizados para outros testes de confirmação fenotípica de ESBL. Existem poucos estudos disponíveis na literatura que são semelhantes à presente investigação. Shukla et al. (2004) efectuaram um rastreio dos isolados utilizando discos de cefotaxima (Ce), ceftazidima (Ca) e ceftriaxona (Ci) e encontraram 88,3% de isolados resistentes a uma das cefalosporinas de terceira geração acima referidas e 72% resistentes aos três fármacos. Rodrigues *et al.*, 2004, efectuaram o rastreio dos isolados utilizando aztreonam (Ao), cefotaxima (Ce), ceftazidima (Ca), ceftriaxona (Ci) e cefpodoxima (Cep) e concluíram que a cefpodoxima (Cep) é o agente de rastreio mais sensível. No presente estudo, utilizámos seis cefalosporinas para rastrear a possível produção de ESBL. A resistência a um ou mais destes agentes de despistagem pode indicar a produção de ESBL. Uma vez que existem variações entre as Como as ESBLs têm a capacidade de hidrolisar várias cefalosporinas, é difícil escolher qualquer uma delas como o melhor agente de tratamento. No entanto, observámos que a ceftriaxona (Ci), a ceftazidima (Ca) e a cefpodoxima (Cep) são os melhores agentes de rastreio. O azetreonam (Ao) também se saiu bem na demonstração de resistência contra estes isolados. A utilização de um ou dois agentes de despistagem pode, por vezes, não permitir a deteção de isolados resistentes. Por conseguinte, foi afirmado que a utilização de três ou mais discos de despistagem melhora a taxa de deteção. O presente estudo está correlacionado com o estudo de Shukla *et al.*, 2004; Rodrigues *et al.,* 2004. Verifica-se que os produtores de ESBL são mais resistentes às cefalosporinas que foram utilizadas na despistagem do que os produtores de não ESBL que eram sensíveis às mesmas cefalosporinas (quadro 5).

Tabela 4: Perfil de suscetibilidade aos antibióticos da *E. coli* isolada (n=65) (Cefixima, Cefoperazona, Cefotaxima, Ceftazidima, Ceftizoxima, Ceftriaxona são indicadores de ESBL)

Sr. Não.	Agentes antimicrobianos	Número de resistentes (%)	Número intermédio (%)	Número de susceptíveis (%)
1	Amicacina (AK)	4 (6.15)	17 (26.15)	44 (67.69)
2	Amoxiclav (AMC)	3 (4.61)	22 (33.84)	40 (61.53)
3	Ampicilina (AMP)	36 (55.38)	19 (29.23)	10 (15.38)
5	**Cefixima (SF)**	30 (46.15)	3 (4.61)	25 (38.46)
6	**Cefoperazona (CP)**	30 (46.15)	19 (29.23)	16 (24.61)
7	**Cefotaxima (CTX)**	29 (44.61)	21 (32.3)	15 (23)
8	**Ceftazidima (CAZ)**	35 (53.84)	20 (30.76)	15 (23)
9	**Ceftizoxima (CI)**	20 (30.76)	15 (23)	30 (46.15)
10	**Ceftriaxona (CTR)**	40 (61.53)	15 (23)	10 (15.38)
12	Gentamicina (GEN)	5 (7.69)	25 (38.46)	35 (53.84)
13	Levofloxacina (LE)	8 (12.30)	15 (23)	42 (64.61)
14	Ácido nalidíxico (NA)	35 (53.84)	18 (27.69)	12 (18.46)
15	Norfloxacina (NX)	25 (38.46)	20 (30.76)	20 (30.76)
16	Ofloxacina (ZN)	10 (15.38)	5 (7.69)	50 (76.92)
17	Piperacilina (PC)	8 (12.30)	20 (30.76)	37 (56.92)
19	Tetraciclina (TE)	9(13.84)	6 (9.23)	50 (76.92)

Tabela 5: Comparação da suscetibilidade às cefalosporinas entre isolados produtores de ESBL (n=13) e não produtores de ESBL (n=15) (total de isolados n=65).

Sr. Não.	Agentes antimicrobianos	ESBL	Produtores		Não	Produtores de ESBL	
		R (%)	I (%)	S (%)	R (%)	I (%)	S (%)
1	Cefixima (SF)	10 (15.3)	3 (4.6)	0	0	3 (20)	12 (18.4)
2	Cefoperazona (CP)	11 (16.9)	2 (3)	0	0	2 (3)	13 (20)
3	Cefotaxima (CTX)	12 (18.4)	1 (1.5)	0	0	1(1.5)	14 (21.5)
4	Ceftazidima (CAZ)	12 (18.4)	1 (1.5)	0	0	1 (1.5)	14 (21.5)
5	Ceftixozima (Cl)	10 (15.3)	3 (4.6)	0	0	2 (3)	13 (20)
6	Ceftriaxona (CTR)	13 (20)	0	0	0	1(1.5)	14 (21.5)

3.5 Ensaio de sinergia de disco duplo (DDST)

Utilizando o teste padrão de sinergia de disco duplo (DDST) como método de despistagem para identificar potenciais produtores de ESBL, a ceftriaxona foi o antimicrobiano mais eficaz na despistagem de isolados como potenciais produtores de ESBL, seguida da ceftazidima. Neste teste, um disco contendo amoxicilina-clavulanato (AMC) foi colocado na proximidade de discos contendo os antibióticos cefotaxima, ceftazidima, ceftriaxona e cefoperazona. Os resultados mostraram que o clavulanato no disco de amoxicilina-clavulanato se difundiu através do ágar e inibiu a β-lactamase que rodeava o disco de ceftriaxona. O aumento da zona de inibição de qualquer uma das cefalosporinas de terceira geração testadas, no lado voltado para o disco de amoxicilina-clavulanato, foi interpretado como um teste positivo para ESBL Fig. 3.6 (a, b). 8 (12,3%) isolados de *E. coli* foram confirmados como produtores de ESBL através deste teste de sinergia de disco duplo (DDST). Este método é tecnicamente simples e pouco dispendioso (Gaurav Dalela., 2012). No estudo efectuado por Patrick Mutharia, 2012, foram detectados 90% de 30 isolados produtores de ESBL por DDST utilizando os antibióticos Cefotaxima (Ce), Ceftriaxona (Ci) e Ceftazidima (Ca), antibióticos que são semelhantes aos do presente estudo. Outro estudo efectuado por Anuradha *et al.*, 2012, encontrou 43,5% de isolados produtores de ESBL utilizando DDST.

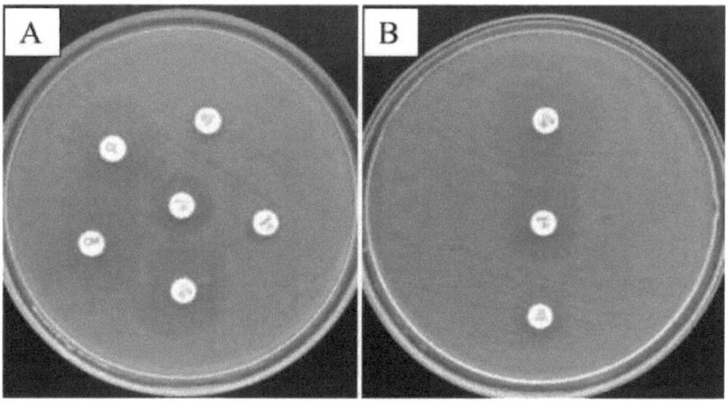

Fig 3.7: Teste de sinergia de disco duplo (DDST) (a): mostra o aumento da zona em direção ao disco de amoxiclav por ceftriaxona (CTR) e ceftriaxona/sulbactam, (b): mostra o aumento da zona em direção ao disco de amoxiclav por ceftriaxona (CTR). aumento da zona em direção ao disco de amoxiclav pela ceftriaxona (CTR).

3.6 Teste de difusão em disco duplo (DDDT)

O teste de difusão em disco duplo (DDDT) é um teste de confirmação fenotípica para isolados produtores de ESBL. Neste teste, foram utilizados antibióticos com e sem combinação de inibidores. Os isolados que produziram ESBL apresentaram uma zona de tamanho superior a 5 mm no disco que continha antibiótico e inibidor, em comparação com o disco que continha apenas antibiótico (sem qualquer inibidor). O ácido clavulânico foi o bom inibidor para os isolados produtores de ESBL (Fig. 3.7). 10 (15,38%) isolados *de E. coli* foram confirmados como produtores de ESBL por este teste fenotípico confirmatório de difusão em disco duplo (DDDT). Este tipo de estudo semelhante, ou seja, DDDT, também foi efectuado pelo Coronel Naveen Grover, 2013, utilizando discos de antibiótico de Ceftazidima (Ca) e Ceftazidima/ácido clavulânico (Ca/Cac), e verificou que os isolados produtores de ESBL apresentavam zonas de tamanho superior a 5 mm no disco com Ceftazidima/ácido clavulânico (Ca/Cac) em comparação com Ceftazidima (Ca), o que está de acordo com o presente estudo, mas foram utilizados antibióticos diferentes para o DDDT no presente estudo, ou seja Ceftriaxona (CTR), Cefoperazona (CP) e Ceftriaxona/sulbactam (CL), Cefoperazona/sulbactam (CM).

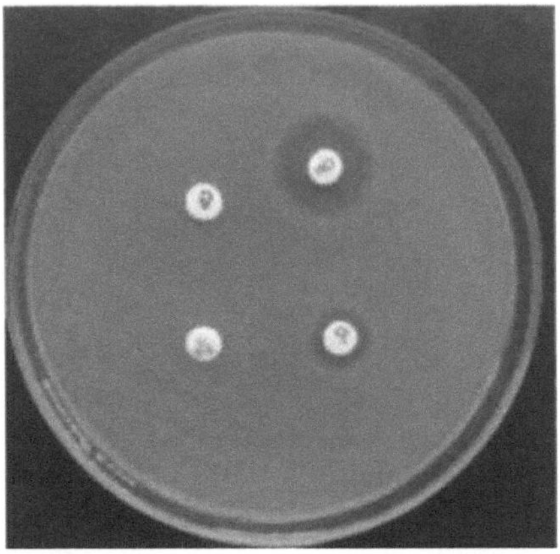

Fig. 3.8: Teste de confirmação fenotípica, teste de difusão em disco duplo (DDDT) de um isolado produtor de ESBL que apresenta um tamanho de zona superior a 5 mm no disco com ceftriaxona/sulbactam (CL) e cefoperazão/sulbactam (CM) (ou seja, antibióticos com inibidor) em comparação com ceftriaxona (CTR) e cefoperazona (CP) isoladamente (ou seja, antibióticos sem inibidor).

Das 150 amostras clínicas, 65 *E. coli* foram isoladas da urina (50) e do pus (15), das quais 28 (43%) isolados foram selecionados como positivos para a produção de ESBL. Destes, apenas 13 (20%) isolados eram produtores de ESBL e 15 (23%) isolados não eram produtores de ESBL (Quadro 6). No estudo efectuado por Nain e Desai ,March. (2012), 66% dos isolados foram considerados produtores de ESBL quando testados com a combinação Cefotaxima/ácido clavulânico (Ce/Cec) e 63% com a combinação Ceftazidima/ácido clavulânico (Ca/Cac). Tankhiwala *et al.*, 2004, registaram 48,3 % e Ritu Aggarwal *et al.*, 2009, registaram 40 % de isolados *de E. coli* produtores de ESBL, valores superiores aos do presente estudo.

Tabela 6: Resultados dos isolados *de E. coli* produtores de ESBL em amostras de urina e pus (n=65)

N.º Sr.	Fonte de isolamento	Isolados *de E.coli* N.º.	*E.coli* Rastreio positivo n (%)	Produtores de ESBL n (%)	Produtores não-ESBL n (%)
1	Urina	50	23 (35.38)	11 (16.92)	12 (18.46)
2	Pus	15	5 (7.69)	2 (3.07)	3 (4.61)
Total		**65**	**28 (43)**	**13 (20)**	**15 (23)**

Resumo e conclusão

-1-O presente estudo observou que os isolados positivos para ESBL apresentam níveis elevados de resistência a vários medicamentos e que a prevalência de *E. coli* produtora de ESBL foi elevada, pelo que sugerimos que o rastreio de rotina da ESBL deve ser efectuado em todos os isolados que apresentem uma diminuição da suscetibilidade a uma ou mais cefalosporinas de segunda e terceira geração.

-2-O aparecimento de bactérias produtoras de beta-lactamases de espetro alargado (ESBL), em particular *a E. coli*, é atualmente uma preocupação crítica para o desenvolvimento de terapias contra infecções bacterianas, em particular as ITU e as infecções nosocomiais.

-3-A ocorrência destas ESBLs em membros da família Enterobacteriaceae está a ser cada vez mais notificada em todo o mundo. A ESBL é a enzima que é principalmente responsável pela degradação dos antibióticos e resiste aos antibióticos que são utilizados contra as bactérias.

-4-A ESBL é produzida principalmente por muitas bactérias gram-negativas. A E. coli é um dos organismos mais comuns e particularmente preocupantes entre os micróbios produtores de ESBL, sendo responsável por causar infecções nos seres humanos, em especial infecções do trato urinário (ITU).

-5-Além disso, as estirpes *de E. coli* resistentes têm a capacidade de transferir determinantes de resistência aos antibióticos não só para outras estirpes de *E. coli*, mas também para outras bactérias no trato gastrointestinal. Por conseguinte, a produção da enzima beta-lactamase é uma das estratégias adaptadas pelas bactérias para desenvolver resistência à classe de antibióticos beta-lactâmicos.

-6-As ESBLs são frequentemente codificadas por plasmídeos. Os plasmídeos responsáveis pela produção de ESBL transportam frequentemente genes que codificam a resistência a outros medicamentos. As beta-lactamases são serino-proteases que catalisam a hidrólise da ligação beta-lactama, inactivando assim os antibióticos beta-lactâmicos, incluindo a penicilina, as cefalosporinas de terceira geração, os monobactâmicos e o aztreonam, com exceção dos carbapenemes e das cefamicinas.

-7-Por conseguinte, as opções antibióticas no tratamento da *E. coli* produtora de ESBL são extremamente limitadas. As ESBLs são inibidas por combinações de inibidores da beta-lactamase (BLIs), como o ácido clavulânico, o sulbactam e o tazobactam.

-8- Por conseguinte, qualquer estirpe de *E. coli* resistente às cefalosporinas de terceira geração, às penicilinas, etc., mas sensível à combinação de beta-lactâmicos/inibidores de beta-lactâmicos (BL/BLI) é suscetível de conter ESBL. A primeira Beat-lactamase mediada por plasmídeo: TEM-1 (Temoniera-1) foi registada em 1965 a partir de uma *E. coli* isolada de uma amostra de urina (ITU) de um doente na Grécia. Desde então, a beta-lactamase TEM-1 espalhou-se por todo o mundo em diferentes espécies de bactérias.

-9- O Clinical Laboratory Standards Institute (CLSI) recomenda o rastreio da produção de ESBL entre *E. coli* e *K. pneumoniae.* A deteção de organismos produtores de ESBLs a partir de amostras como amostras de urina pode ser importante porque representa um marcador epidemiológico de colonização e, por conseguinte, existe um potencial de transferência desses organismos para outros. Estas infecções têm um impacto significativo na mortalidade dos doentes e um encargo financeiro adicional.

-10- A deteção de organismos produtores de ESBL constitui um desafio para os laboratórios, uma vez que os métodos de rotina dos testes de suscetibilidade aos antibióticos não são suficientemente sensíveis para os detetar. A ESBL pode ser detectada através do método de difusão em disco, de testes em ágar de três dimensões, de sistemas automáticos rápidos, do teste E e da PCR. O principal objetivo deste estudo foi a deteção da produção de ESBL por *E. coli* ou *E. coli* produtora de ESBL que foram isoladas de amostras clínicas.

-11- No presente estudo, foram colhidas 150 amostras clínicas do laboratório do hospital Rotary L.G Hariya e do laboratório Devanshi, em Vapi, tanto de pacientes internos como externos. Foram isoladas 65 *E.coli* da urina (n=50) e do pus (n=16) e não foi isolada nenhuma *K.pneumoniae.* Foram recuperados mais isolados de *E. coli* de mulheres (n=40) do que de homens (n=25) que sofriam de ITU sintomáticas.

-12- A idade dos doentes era de 5 a 60 anos e a idade média dos doentes era de 25 a 28 anos. Todas as amostras clínicas foram inoculadas pela primeira vez em meio de ágar Mac-Conkey, incubadas e, no dia seguinte, observadas quanto às caraterísticas das colónias.

-13- Estes 80 isolados, que apresentavam colónias com fermentação de lectose, planas e de cor rosa seco, foram posteriormente caracterizados utilizando coloração de Gram, motilidade, placa de ágar EMB e utilizando diferentes meios bioquímicos. Dos 80 isolados, 65 isolados foram caracterizados como *E. coli.*

-14- Foram efectuados testes de suscetibilidade aos antibióticos utilizando 65 isolados de *E. coli*. Os isolados que mostraram resistência a um ou mais antibióticos foram analisados para deteção de ESBL. Para o rastreio de isolados *de E. coli* produtores de ESBL, foram utilizadas cefalosporinas de segunda e terceira geração. 28 (43%) isolados de E. coli foram submetidos a rastreio positivo.

-15- Os isolados *de E. coli* que mostraram resistência a uma das cefalosporinas na despistagem foram considerados produtores de ESBL e confirmados posteriormente utilizando o teste de sinergia de disco duplo (DDST) e o teste de confirmação fenotípica, ou seja, o teste de difusão de disco duplo (DDDT).

-16- No DDST, o disco de ácido clavulânico (Amoxyclav) foi colocado no centro da placa e os outros antibióticos de cefalosporina foram colocados a uma distância de 15 mm. O aumento da zona em direção ao disco de amoxiclav por qualquer uma das cefalosporinas foi considerado como produtor de ESBL.

-17- No DDDT, foram utilizados discos de antibióticos com e sem ácido clavulânico. O ácido clavulânico actua como um inibidor de ESBL. O aumento do tamanho da zona (mais de 5 mm) em torno do disco de antibiótico com ácido clavulânico em comparação com o disco de antibiótico sem ácido clavulânico foi considerado como produtor de ESBL.

-18- Dos 65 isolados *de E. coli*, apenas 8 (12,3%) isolados foram confirmados como produtores de ESBL através da utilização de DDST e 10 (15,3%) isolados foram confirmados como produtores de ESBL através da utilização de DDDT. Um total de 13 (20%) isolados de E. coli eram produtores de ESBL e 15 (23%) isolados *de E. coli* não eram produtores de ESBL. A frequência de *E. coli* produtora de ESBL é maior em amostras de urina no presente estudo.

-19- A ESBl está a espalhar-se rapidamente na comunidade e é responsável por ESBLs adquiridas na comunidade, sendo o número máximo proveniente de amostras de urina. A monitorização da produção de ESBL e os testes de suscetibilidade antimicrobiana são necessários para reduzir estes agentes patogénicos cada vez mais resistentes e é necessário melhorar os métodos utilizados para a deteção de ESBL.

Referências

1. Abraham E.P., Newton G.G.F., Crawford K., Burton H.S., Hale C.W. Cephalosporin- NA new type of penicillin; *Nature* 1953; **4347:43**.

2. Akram S.M. Etiologia e padrões de resistência aos antibióticos das infecções do trato urinário adquiridas na comunidade no JNMC Hospital Aligarh, Índia; *Ann. Clin, Microbiol, Antimicrob.* 2007; **6:4**.

3. Al Benwan K., Al Sweih N., Rotimi V.O. Etiologia e padrões de suscetibilidade aos antibióticos das infecções do trato urinário adquiridas na comunidade e no hospital num hospital geral do Kuwait; *J. Infect Dis.* 2009; **19(6):440-46**.

4. Alobwede I., Mzali F.H., Livermore D.M., Hentige J., Todd N. e Hawkey P.M. CTX-M extended-Spectrum beta -lactamase arrives in UK; *J. Antimicrob Chemother.* 2003; **51:460-471**.

5. Alsterlund R., Carlsson B., Gezelius L., Haeggman S., Olsson-L.B. Escherichia coli multirresistente produtora de ESBL CTX-M-15 no sul da Suécia: Descrição de um surto; *J. Infect Dis.* 2009; **41(6-7):410-15**.

6. Ambler R.P. The structure of beta-lactamases; R. *Soc. Lond Biol Sci.* 2008; **16(289):321- 31**.

7. Andes D.C., Cephalosporins W., Mandell G.L., Douglas R.G., Bennett J.E., Dolin R., Editores, Nova Iorque: *Elsevier/Churchill Livingstone.* 2009: **1240-48**.

8. Baraniak A., Fiett J., Hryniewicz W., Nordmann P., Gniadkowski M. Ceftazidima-hidrolisando a beta-lactamase de espetro alargado CTX-M-15 (ESBL) na Polónia; *J. Antimicrob Chemother.* 2002; **50(3): 393-96**.

9. Bauernfeind A., Stemplinger I., Jungwirth R., Mangold P., Mann S.A., Akalin E., Ary O., Bal C. e Casellas J.M. Characterization of beta- lactamase gene bla PER-2 which encodes an extended-spectrum class A beta-lactamase, Antimicrob Agent Chemother; *J. Antimicrob Chemother.* 2006; **58(1):211-15**.

10. Blomberg B., Jureen R., Manji K.P., Tamim B.S., Mwakagile D.S., Urassa W.K. High rate of fatal cases of pediatric septicemia caused by gram-negative bacteria with extended-spectrum beta-lactamases in Dares Salaam; *J. Clinical Microbiol.* 2005; **43(2):745-49**.

11. Blomberg B., Jureen R., Manji K.P., Tamim B.S., Mwakagile D.S.M., Urassa W.K., Fataki M., Msangi V., Tellevik M.G., Maselle S.Y., and Langeland N. High Rate of Fatal Cases of Pediatric Septicemia Caused by Gram-Negative Bacteria with Extended- Spectrum Beta-Lactamases in Dar es Salaam, Tanzania; *J. Clin Microbiol.* 2005; **43(2): 745-49**.

12. Boniece W.S., Wick W.E., Holmes D.H., Redman C.E. Avaliação laboratorial in vitro e in vivo da cefalotina, um novo antibiótico de largo espetro; *J. Bacteriol.* 1962; **84:129296**.

13. Bonnet R. Growing group of extended spectrum: the CTX-M enzymes; *Antimicrob Agent Chemother.* 2004; **48:1-14**.

14. Brandl E., Giovannini M., Margreiter H. Studies on the acid stable, orally efficacious phenoxymethylpenicillin (penicillin V); *Wien Med. Wochenschr.* 1953; **103(33-34):602- 7**.

15. Brunton J., Clare D., Meier M.A. Molecular epidemiology of antibiotic resistance plasmids of Haemophilus species and Neisseria gonorrhoeae; *Rev Infect Dis.* 1986; **8(5):713-24**.

16. Bush K., Jacoby G.A. e Medeiros A.A. A functional classification Scheme of betaLactamases and its correlation with molecular structure; *Antimicrob Agents Chemother.* 1998; **39:1211-33**.

17. Canton R., Novais A., Valverde A., Machado E., Peixe L., Baquero F. Prevalence and spread of extended-spectrum beta-lactamase-producing Enterobacteriaceae in Europe; *Clin. Microbiol Infect.* 2008; **14:144-53**.

18. Cars O., Molstad S., Melander A. Variation in antibiotic use in the European Union; *Clin. Microbiol Infect.* 2001; **357(9271):1851-63**.

19. Casewell M., Phillips I. Hands as route of transmission for Klebsiella species. Br Med Cefuroxime versus ampicilina e cloranfenicol para o tratamento da meningite bacteriana; *Grupo de Estudo Sueco, Lancet.* 1982; **1(8267):295-99**.

20. Chaudhary U., Aggarwal R. Extended spectrum beta lactamases(ESBL)- An emerging threat to clinical therapeutics; *Indian Journal of Medical Microbiology* 2004: **22(2):75- 80**.

21. CLSI. Performance Standards for Antimicrobial Susceptibility Testing, Twentieth Informational Supplement; *Clinical and Laboratory Standards Institute* 2010: **127**.

22. Daniel F., Hall L.M.C., Gur D., Livermore D.M. OXA-14 outra variante de espetro alargado da β-lactamase OXA-10(PSE-2) de *Pseudomonas aeruginosa*; *Antimicrob Agent Chemother.* 1995; **41:785-90**.

23. Donnenberg M.S. Enterobacteriaceae. Em Principles and practice of infectious diseases. *Editores*. 2009: **2815-33**.

24. Ensor V.M., Shahid M., Evans J.T., Hawkey P.M. Ocorrência, prevalência e ambiente genético de beta-lactamases CTX-M em Enterobacteriaceae de hospitais indianos; *J. Antimicrob Chemother.* 2006; **58(6):1260-73**.

25. Farkosh M.S. Extended-Spectrum betalactamase Producing Gram Negative; *J. Antimicrob Chemother.*2007: **11:147-98**.

26. Friedman N.D., Kaye K.S., Stout J.E., McGarry S.A., Trivette S.L., Briggs J.P. Health care-associated bloodstream infections in adults: a reason to change the accepted definition of community-acquired infections; *Ann Intern Med.* 2002; **137(10):791-97**.

27. Galani I., Souli M., Chryssouli Z., Katsala D., Giamarellou H. Primeira identificação de um isolado clínico de *Escherichia coli* que produz tanto a metalobeta-lactamase VIM-2 como a beta-lactamase de espetro alargado IBC-1; *Clin. Microbiol.* 2004; **10:757-60**.

28. Gaurav D. Prevalência de produtores de beta-lactamase de espetro alargado (ESBL) entre bacilos Gram-negativos de vários isolados clínicos num hospital de cuidados terciários em Jhalawar, Rajastão, Índia; *J. Clin.Diagnostic.* 2012; **6(2):182-87**.

29. Hanson N.D., Thomson K.S., Moland E.S., Sanders C.C., Berthold G., Penn P.G. Molecular chacterization of a multiply resistant *Klebsiella pneumoniae* encoding ESBLs and a plasmid mediated AmpC; *Journal of Antimicrobial Chemotherapy* 1999; **44(3):377-80**.

30. Hasan A.S., Nair D. Padrões de resistência de isolados urinários num hospital terciário indiano; *J. Ayub. Med, Coll, Abbottabad.* 2007; **19(1):39-41**.

31. Hawkey P.M. Prevalência e clonalidade de beta-lactamases de espetro alargado na Ásia; *Clin Microbiol Infect.* 2008; **14:159-65**.

32. Holten K.B., Onusko E.M. Appropriate Prescribing of Oral Beta-Lactam Antibiotics; *American Family Physician.* 2000; **62:611-20**.

33. Jacoby G.A. and Medeiros A.A. More extended- spectrum β-Lactamase, Antimicrob; *Agent Chemother.* 1991; **35:1697-1704**.

34. Jacoby G.A., Medeiros A.A., O.Brien T.F., Pinto M.E., Jiang H. Broad-spectrum, transmissible beta-lactamases; *Journal Medcine.* 1988; **319:723-24**.

35. Japoni A., Farshad S., Alborzi A. *Pseudomonas aeruginosa*: Infeção por queimaduras, tratamento e resistência antibacteriana; *Iranian Red Crescent Medical Journal.* 2009; **11(3):244- 53**.

36. Jiang X., Ni Y., Jiang Y., Yuan F., Han L., Li M., Liu H., Yang L., Lu Y. Surto de infeção causada por Enterobacter cloacae que produz a nova beta-lactamase VEB-3 na China; *J. Clin Microbiol.* 2005; **43(2):826-31**.

37. Jones R.N., Thornsberry C., Barry A.L., Fuchs P.C., Gavan T.L., Gerlach E.H. Piperacillin (T-1220), a new semisynthetic penicillin: in vitro antimicrobial activity comparison with carbenicillin, ticarcillin, ampicillin, cephalothin, cefamandole and cefoxitin; *J. Antibiot* 1977; **30(12):1107-14**.

38. Jouvenot M., Deschaseaux M.L., Royez M., Mougin C., Cooksey R.C., Michel B.Y. e Adessi G.L. Molecular hybridization versus isoelectric focusing to determine TEM type P-lactamases in gram-negative bacteria; *Antimicrob Agents Chemother.* 1987; **31:30005**.

39. Karim A., Poirel L., Nagarajan S., Nordmann P. Plasmid-mediated extended-spectrum beta-lactamase (CTX-M-3 like) from India and gene association with insertion sequence ISEcp1, FEMS; *Microbiol Lett.* 2001; **201(2):237-41**.

40. Khanfar H.S., Bindayna K.M., Senok A.C., Botta G.A. Extended spectrum betalactamases (ESBL) in *Escherichia coli* and *Klebsiella pneumoniae*: trends in the hospital and community settings; *J. Infect Dev Ctries.* 2009; **3(4):295-99**.

41. Kilebe C., Niles B.A., Meyer J.F., Toledorf-Neutzling R.M., Weidman B. Evolution of plasmid-coded resistance to broad spectrum cephalosporins; *Antimicrob Agent Chemother.* 1985; **28:302-07**.

42. Kirby W.M.M. Extraction of a highly potent penicillin inactivator from penicillin resistant staphylococci; *Science.* 1944; **99(2579):452-63**.

43. Kohanski M.A., Dwyer D.J., Hayete B., Lawrence C.A., Collins J.J. A common mechanism of cellular death induced by bactericidal antibiotics; *Cell* 2007; **30(5):797-810**.

44. Kotra L.P., Samama J., Mobashery S. Beta-lactamases and resistance to betalactam antibiotics. *Cell* 2002; **123-60**.

45. Kumarasamy K.K., Toleman M.A., Walsh T.R., Bagaria J., Butt F., Balakrishnan R. Emergência de um novo mecanismo de resistência aos antibióticos na Índia, no Paquistão e no Reino Unido: um estudo molecular, biológico e epidemiológico; *Lancet Infect Dis.* 2002; **10(9):597- 602**.

46. Lytsy B., Sandegren L., Tano E., Torell E., Andersson D.I., Melhus A. O primeiro grande surto de beta-lactamases de espetro alargado na Escandinávia foi causado pela propagação clonal de uma Klebsiella pneumoniae multi-resistente produtora de CTX-M-15; *APMIS* 2008; **116(4):302-8**.

47. Mathai D., Rhomberg P.R., Biedenbach D.J., Jones R.N. Evaluation of the *in vitro* activity of six broad-spectrum beta-lactam antimicrobial agents tested against recent clinical isolates from India: a survey of ten medical center laboratories; *Diagn Microbiol Infect Dis.* 2002; **44(4):367-77**.

48. Medeiros A.A. Nosocomial outbreaks of multi resistant bacteria: extended spectrum beta-lactamases have arrived in North America; *Ann Intern Med.* 1993; **119: 428-30**.

49. Metri B.C., Jyothi P., Peerapur B.V. A prevalência de ESBL entre Enterobacteriaceae num hospital de cuidados terciários do Norte de Karnataka, Índia; *J. Clin Diagnostic.* 2011; **5(3):470-75**.

50. Mohamed Al-Agamy M.H., El-Din Ashour M.S., Wiegand I. First description of CTXM beta-lactamase-producing clinical Escherichia coli isolates from Egypt; *Int J. Antimicrob Agents.* 2006; **27(6):545-48**.

51. Morgan D.J., Okeke I.N., Laxminarayan R., Perencevich E.N., Weisenberg S. Nonprescription antimicrobial use worldwide: a systematic review; *Lancet Infect Dis.* 2006; **11(9):692-701**.

52. Mshana S.E., Kamugisha E., Mirambo M., Chakraborty T., Lyamuya E.F. Prevalência de organismos gram-negativos multiresistentes num hospital terciário em

Mwanza, Tanzânia; *BMC.* 2009; **2:49**.

53. Muggleton P.W., O'Callaghan C.H., Stevens W.K. Laboratory evaluation of a New Antibiotic--Cephaloridine (Ceporin); *Br Med J.* 1964; **2(5419):1234-37**.

54. Nasa P., Juneja D., Singh O., Dang R., Singh A. An observational study on bloodstream extended-spectrum beta-lactamase infection in critical care unit: incidence, risk factors and its impact on outcome; *Eur J. Intern.* 2002; **23(2):192-95**.

55. Nicolas-Chanoine M.H., Blanco J., Leflon-Guibout V., Demarty R., Alonso M.P., Canica M.M. Intercontinental emergence of Escherichia coli clone O25:H4-ST131 producing CTX-M-15; *J. Antimicrob Chemother.* 2008; **61(2):273-81**.

56. Nuesch-Inderbinen M.T., Kayser F.H., Hachler H. Survey and molecular genetics of SHV β-lactamases in Enterobacteriaceae in Switzerland: two novel enzymes, SHV-11 and SHV-12; *Antimicrob Agents Chemother* 1997; **41:943-49**.

57. Odenholt I., Isaksson B., Nilsson L., Cars O. Postantibiotic and bactericidal effect of imipenem against Pseudomonas aeruginosa; *Eur J. Clin. Microbiol Infect. Dis.* 1989; **8(2):136-41**.

58. Onishi H.R., Daoust D.R., Zimmerman S.B., Hendlin D., Stapley E.O. Cefoxitin, a semisynthetic cephamycin antibiotic: resistance to beta-lactamase inactivation; *Antimicrob Agents Chemother.* 1974; **5(1):38-48**.

59. Onnberg A., Molling P., Zimmermann J., Soderquist B. Molecular and phenotypic characterization of Escherichia coli and Klebsiella pneumoniae producing extended spectrum beta-lactamases with focus on CTX-M in a low-endemic area in Sweden; *APMIS.* 2007; **119(4-5):287-95**.

60. Oteo J., Navarro C., Cercenado E., Delgado-Iribarren A., Wilhelmi I., Orden B. Spread of Escherichia coli strains with high-level cefotaxime and ceftazidime resistance between the community, long-term care facilities and hospital institutions; *J. Clin Microbiol.* 2006; **44(7):2359-66**.

61. Paterson D.L., Bonomo R.A. Extended-spectrum beta-lactamases: a clinical update; *Clin, Microbiol.* 2005; **18(4):657-86**.

62. Peirano G., Pitout J.D.D. Molecular epidemiology of Escherichia coli producing CTX-M â Lactamases: worldwide emergence of clone ST131 025:H4; *International Journal of Antimicrobial Agents.* 2010; **35:316-21**.

63. Perez F., Endimiani A., Hujer K.M., Bonomo R.A. The continuing challenge of ESBLs; *Current Opinion in Pharmacology.* 2007; **7(5):459-69**.

64. Perry J.D., Naqvi S.H., Mirza I.A., Alizai S.A., Hussain A., Ghirardi S. Prevalência do transporte fecal de Enterobacteriaceae com carbapenemase NDM-1 em hospitais militares no Paquistão e avaliação de dois meios cromogénicos; *J. Antimicrob Chemothe.* 2003; **66(10):2288-94**.

65. Pfaller M.A., Segreti J. Overview of the epidemiological profile and laboratory detection of extended-spectrum beta-lactamases; *Clin Infect Dis.* 2006; **15(42):153-63**.

66. Philippon A., Labia R., Jacoby G. Extended-spectrum β-Lactamases; *Antimicrob Agents Chemother.* 1989; **33:1131-36.**

67. Podschun R., Ullman U., *Klebsiella* spp. as Nosocomial Pathogens: Epidemiologia, Taxonomia, Métodos de Tipagem, e Factores de Patogenicidade; *Clinical Microbiology.* 1998; **589-603.**

68. Poirel L., Naas T., Guibert M., Chaibi E.B., Labia R. e Nordmann P. Molecular and caraterização bioquímica de VEB-1, uma nova betalactamase de espetro alargado de classe A codificada por um gene intergrons de *Escherichia coli*; *Antimicrob Agent Chemother.* 1999; **43:573-81**.

69. Poirel L., Rotimi V.O., Mokaddas E.M., Karim A., Nordmann P. VEB-1-like extended- spectrum beta-lactamases in Pseudomonas aeruginosa, Kuwait; *Emerg Infect Dis.* 2001; **7(3):468-70**.

70. Rasko D.A., Rosovitz M.J., Myers G.S., Mongodin E.F., Fricke W.F., Gajer P. The pangenome structure of Escherichia coli: comparative genomic analysis of *E. coli* commensal and pathogenic isolates; *J. Bacteriol.* 2008; **190(20):6881-93**.

71. Reynaud A., Péduzzi J., Barthélémy M., Labia R. Cefotaximehydrolyzing activity of the β-lactamase of Klebsiella oxytoca D488 could be related to a threonine residue at position 140; *Microbiol Lett.* 1991; **81:185-92**.

72. Rice L.B., Willey S.H., Papanicolaou G.A., Medeiros A.A., Eliopoulos G.M., Moellering R.C. Outbreak of ceftazidime resistance caused by extended-spectrum betalactamases at a Massachusetts chronic-care facility; *Antimicrob Agents Chemother.* 1990; **34(11):2193-99**.

73. Ritu A., Uma C., Rama S. Deteção da produção de lactamases de espetro alargado em uropatógenos; *Journal of Laboratory Physicians.* 2007; **(1):7-10**.

74. Samaha-Kfoury J.N., Araj G.F. Recent developments in a lactamases and extended spectrum a lactamases; *Bairut Medical Journal.* 2003; **327(22):1209-13**.

75. Shahanara B., Md Abdus S., Kh Faisal A., Nurjahan B., Pervez H. e Jalaluddin A.H. Deteção de -lactamase de espetro alargado em Pseudomonas spp. isoladas de dois hospitais de cuidados terciários no Bangladesh; *Biomedcentral.* 2013; **6:7**.

76. Shukla I., Tiwari R., Agrawal M. Prevalência de *K. pneumonie* produtora de lactamases de espetro alargado num hospital de cuidados terciários; *Indian J. Med Microbiol* 2004; **22:87-91**.

77. Sougakoff W., Goussard S., Courvalin P. The TEM-3 β-lactamase, which hydrolyzes broad-spectrum cephalosporins, is derived from the TEM-2 penicillinase by two amino acid substitutions; *FEMS Microbiol Lett.* 1988; **56:343-48**.

78. Tankhiwale S.S., Jalgaonkar S.V. Evaluation of extended spectrum beta-lactamases in urinary isolates; *Indian J. Med.* 2004; **120(6):1005-8**.

79. Tawfik A.F., Alswailem A.M., Shibl A.M., Al-Agamy M.H. Prevalência e

caraterísticas genéticas de TEM, SHV e CTX-M em Klebsiella pneumoniae isolados da Arábia Saudita; *Microbiol Lett.* 2004; **17(3):383-88**.

80. Tenaillon O., Skurnik D., Picard B., Denamur E. The population genetics of commensal *Escherichia coli; J. Bacteriol* 2002; **8(3):207-17**.

81. Toder D.S., Gambello M.J., Bacterial resistance to Antibiotic in Toders Online Textbook of Bacteriology, Kinneth Toder Unerversity of Wisconsin- Medison. *Departamento de Bacteriologia* 2008; **121**.

82. Tumbarello M., Spanu T., Sanguinetti M., Citton R., Montuori E., Leone F. Bloodstream infections caused by extended-spectrum-beta-lactamase-producing *Klebsiella pneumoniae*: risk factors, molecular epidemiology, and clinical outcome; *Antimicrob Agents Chemother.* 2006; **50(2):498-504**.

83. Ulises G.R., Esperanza M.R., Jesús S.S. As β-lactamases de espetro alargado (ESBL) do tipo SHV são codificadas em plasmídeos relacionados de isolados clínicos de enterobactérias do México; *Salud Publica Mex.* 2007; **49:415-21**.

84. Uma C., Hemlata B., Madhu S. Imipenem- EDTA disk method for rapid identification of metallo-lactamase producing Gram-negative bacteria; *Indian J. Med.* 2008; **406-07**.

85. Umadevi S., Kandhakumari G., Joseph N.M., Kumar S., Easow J.M., Stephen S. e Singh U.K.. Prevalência e padrão de suscetibilidade antimicrobiana de bacilos Gram-negativos produtores de ESBL; *J. Clin Diagnostic.* 2011; **5(2): 236-39**.

86. Vahaboglu H., Ozturk R., Aygun G., Coskunkan F., Yaman A., Kaygusuz A. Widespread detection of PER-1-type extended-spectrum beta- lactamases among nosocomial Acinetobacter and Pseudomonas aeruginosa isolates in Turkey: a nationwide multicenter study; *Antimicrob Agents and Chemother.* 1997; **41:2265-69**.

87. Woodruff H.B., Foster J.W., Microbiological Aspects of Penicillin; *Journal of Bacteriology.* 1945; **49(1): 19-29**.

MIX
Papier aus verantwortungsvollen Quellen
Paper from responsible sources
FSC® C105338

Printed by Books on Demand GmbH, Norderstedt / Germany